换流站施工阶段造价
精准管控技术

广东电网有限责任公司东莞供电局
广东顶立工程咨询有限公司　组编

中国电力出版社
CHINA ELECTRIC POWER PRESS

目　录

contents

第1章
电力工程建设项目工程造价管理概述

1.1 我国工程造价管理的发展与改革

1.1.1 我国工程造价管理的发展历程

我国工程造价管理体制作为工程建设的重要组成部分，伴随着中华人民共和国的成立及计划经济体制的建立而逐步形成。期间为适应新中国成立初期大规模的基础设施建设，从苏联引进了概预算管理制度，相应建立了与计划经济适应的定额体系。改革开放后，在建立市场经济体制、全面深化市场经济体制改革的背景之下，市场计价体系的探索、建立和完善成为工程造价管理改革的主旋律。工程造价管理也从概预算管理、工程定额管理的"量价统一"以及"量价分离"阶段，逐步过渡到以市场机制主导、与国际惯例全面接轨的造价管理模式。大体而言，我国工程造价管理体制的发展可以划分为以下三个阶段。

第一阶段，计划经济时期的工程造价管理体系（1985 年以前）。我国工程造价管理在1985 年以前实行的是与计划经济相适应的概预算管理制度。该阶段工程建设完全是国家计划管理和建设，政府作为工程建设项目的唯一投资主体，长期实行价格管制。为了规范管理，结合基本国情，以"量价统一"为核心思想的工程造价管理体系逐步建立。该体系严格按照图纸及统一的计算规则计算工程量，套用政府发布的预算定额与单价计算工程直接费，据此计算间接费及有关费用，最终确定工程造价。

第二阶段，市场经济体制改革初期阶段的工程造价管理体系（1985—2003 年）。随着我国经济不断发展，在社会主义市场经济体制建立过程中，投资呈现主体多元化、投资额不断增长的特点。工程价格在国家宏观指导下实现了有限的市场竞争，工程建设市场诸要素虽沿用统一的计价指标和定额进行工程计价，但要素价格不再完全统一，实现了价格放开的转变。同时，为了使工程造价的计算结果贴近市场实际、平衡工程建设各参与方的利益，"量价分离"的计价模式相应提出，即在传统计价模式的基础上"统一量、指导价、竞争费"。这一阶段，随着计算机技术的发展，开始利用软件表格逐步替代手工算量，之后进一步发展到目前广泛使用的自动算量软件，这为我国工程造价管理信息化、市场化的发展奠定了基础。

第三阶段，市场经济体制改革深化阶段的工程造价管理体系（2003 年至今）。2003 年7 月 1 日开始实施的《建设工程工程量清单计价规范》（GB 50500—2003）标志着我国工程造价管理开始进入市场调节价的发展轨道。2008 年和 2013 年对《建设工程工程量清单计价规范》先后进行的两次大修订进一步推动了工程造价改革的步伐。随着工程建设市场发展逐步完善，本阶段我国工程造价管理体系最突出的特点体现为要素价格基本放开。换言之，在符合市场实际和价格运行机制的前提下，坚持以法律法规、计价定额、价格信息等计价依据规范各方行为、平衡各方利益的原则，实现工程建设项目公开交易、竞争形成价格、监管有据可依的基本格局。

1.1.2 我国工程造价管理的改革方向

自改革开放以来，工程造价管理坚持以市场化为改革方向，充分发挥市场在资源配置中的决定性作用，促进产业转型升级。在工程发承包计价环节引入竞争机制，全面推行工程量清单计价，不断完善各项制度。同时，为解决造价信息服务水平不高、造价形成机制不够科学等问题，坚持以问题为导向，从实际出发，提出数字化发展构想，厘清造价行业数字化转型需求，利用数字技术填补原有业务场景与数字技术应用之间的鸿沟。

1. 以市场化为导向

经过四十多年的改革开放，我国工程造价管理的市场计价体系经历了探索期和建立期，目前已进入市场计价的完善期。2020年10月《中共中央关于制定国民经济和社会发展第十四个五年规划和二〇三五年远景目标的建议》进一步提出，"坚持以企业为主体，以市场为导向，推动共建'一带一路'高质量发展"。推动"一带一路"高质量发展的关键点在于市场的引导，应充分发挥市场在整合资源、优化配置中的决定性作用，推进企业分工合作、共同发展。

住房和城乡建设部发布的《关于进一步推进工程造价管理改革的指导意见》（建标〔2014〕142号）指出"全面推行工程量清单计价，完善配套管理制度，为'企业自主报价、竞争形成价格'提供制度保障"，并且强调"以工程量清单为核心，构建科学合理的工程计价依据体系"。其指导思想是"紧紧围绕使市场在工程造价确定中起决定性作用，转变政府职能，实现工程计价的公平、公正、科学合理，为提高工程投资效益、维护市场秩序、保障工程质量安全奠定基础"。其主要目标是"到2020年，健全市场决定工程造价机制，建立与市场经济相适应的工程造价管理体系"。2020年7月，住房和城乡建设部办公厅《关于印发工程造价改革工作方案的通知》（建办标〔2020〕38号）明确指出，"通过改进工程计量和计价规则、完善工程计价依据发布机制、加强工程造价数据积累、强化建设单位造价管控责任、严格施工合同履约管理等措施，推行清单计量、市场询价、自主报价、竞争定价的工程计价方式，进一步完善工程造价市场形成机制"，这表明未来工程造价将朝着数据化、精准化方向发展，我国工程造价也会继续坚持市场的主导地位，为不断完善市场计价提供强有力的支撑。

2. 以数字化为手段

我国工程造价管理信息化改革始于20世纪80年代末，伴随着定额管理模式的推广与工程造价管理软件的大规模应用，全国范围内大力发展工程造价管理信息化与"数字造价管理"已成必然趋势。"数字造价管理"是指利用BIM（建筑信息模型）、云计算、大数据、物联网、移动互联网和人工智能等数字技术引领工程造价管理转型升级的行业战略。尽管目前全国各地及各专业工程造价管理机构逐步建立了工程造价信息平台，工程造价咨询企业也大多拥有专业的计算机系统和工程造价管理软件，但工程造价数字化水平仍停留在工程量计算、汇总及工程组价等基础工具性应用阶段，整体发展较为缓慢。

因此，着眼于未来工程造价管理体系的宏观发展，我国工程造价管理的信息化、数字化的发展仍是任重道远。以数字化为支撑，在不同行业、不同层级、不同区域等逐步建立统一规划、统一编码的工程造价信息资源共享平台是必经之路。在此基础上，充分利用数字造价管理实现工程造价管理的平台化、网络化、共享化，进而实现以新计价、新管理、新服务为代表的理想场景，推动造价专业领域转型升级，最终实现每一个工程建设项目价值增值的目标。

3. 以精准化为目标

工程造价管理是工程建设项目管理的核心内容，对工程建设项目的整体决策、质量控制和优化设计等具有直接影响。经过几十年的发展，我国各类工程建设项目的工程计价从最初的依据经验手工算量逐渐发展到采用清单和定额计价模式借助电脑绘图算量，但基于市场形成和确定工程造价的机制仍不完善，"清单计量、市场询价、自主报价、竞争定价"的工程计价方式尚未完全实现。就目前工程造价管理的发展而言，在厘清整体改革发展逻辑的前提下，亟须通过数字化助力行业发展和转型升级。一方面，数字化技术通过对工程造价管理赋能，有助于实现管理精准化、智能化，更好地满足业主、承包商等各方需求，并进一步提升项目的附加价值；另一方面，通过数字平台融合技术、聚合数据，以数据为生产资源，以标准数字服务为产出物，能够实现项目决策、建设实施以及造价管理的业务创新和高效运作的目标，助力项目相关参与方挖掘数据价值，降低管理复杂度。

在数字经济已经成为国家战略，且数字经济和实体经济的融合进程不断加速的背景下，工程造价管理信息化的转型升级、数字能力的建设提升也必然进入快车道。首先，需要提升对工程造价管理精准化的认知水平，从细节入手将精准化的内涵和方法深入造价各环节。其次，构建完善的精准造价管理体系，以"精准管理"为目标，融合造价管理的市场化导向，借助包括 BIM 在内的多种数字化技术，实现从设计、施工到项目交付全要素、全流程、全寿命周期的数字化管理，并以此为基础，改变原有粗放管理模式，建立科学合理的造价管理机制。最后，精确把握工程进度，严格落实资金使用，落实落细权责体系，提高项目团队的整体执行力。各环节做到环环紧扣、道道把关，使得工程造价管理水平逐步达到"精准、精确、精致"的目标，进而为改善工程建设项目实施流程与项目交付质量注入强大动力。

1.2　工程造价管理体系

1.2.1　工程造价管理的特点

1. 动态变化性

工程建设项目从前期决策到竣工验收需要一个较长的时期，期间每个阶段影响工程造价的因素复杂且多变。如决策阶段建设地点的变更、技术方案的调整，设计阶段的设计变更，建设期贷款利率和汇率的变化、政策的变动或气候波动等，都会影响工程造价的稳定性。基于此，若要实现造价的合理控制就必须明确工程处于不断变化中，充分考虑工程建设项目的动态变化性。无论造价的确定还是控制，均需结合实际情况，根据工程的动态变化对造价的控制方式相应进行调整和优化。

2. 分解组合性

从系统角度出发，工程造价是一个经由分解再到组合的过程。所谓分解，是指一个工程建设项目是一个工程综合体，可分为单项工程、单位工程、分部工程和分项工程。项目经过不同层级的分解分别对应不同层级的工程造价，因此，组合实质上是由下一层级造价向上一层级造价组合的过程，即从分部分项工程造价到单位工程造价，再到单项工程造价，最终形成工程建设项目总造价。项目实施过程中所涉及的内容和环节众多，保证其顺利有序进行的关键之一在于根据工程建设项目实际情况进行合理的分解和组合，并根据其具体实施，对工程造价进行合理调整和管理，确保其造价控制各项措施的可行性，从而提升工程造价动态控制水平。

3. 个体差异性

工程建设项目由于其用途、规模、工程结构的不同必然造成每个项目之间存在个体差异性，进而使得工程造价具有典型的单件性特点。换言之，每项工程都必须单独计算造价。因此，在进行工程造价管理时，必须充分考虑工程建设项目的个体差异性，针对不同的工程建设项目，合理选择计价方法以及造价控制方式，确保造价管理的可行性和有效性。

4. 计价依据复杂性

工程造价的影响因素众多，由此决定了工程计价依据的复杂性。工程计价依据可以分为设备和工程量的计算依据、人材机等实物消耗量计算依据、工程单价计算依据、设备单价计算依据、各种费用计价依据、政府规定税费计算依据和工程造价指数等。结合不同阶段计价的精度要求和方法选用不同，在进行工程造价管理时要区分不同阶段计价的差异性进行计价依据的选用，确保工程造价管理目标的实现。

1.2.2 工程造价管理的阶段

1. 决策阶段

工程建设项目决策阶段是选择和决定项目投资行动方案的过程。该阶段不仅对拟建项目的必要性和可行性进行技术经济论证，也是对不同建设方案进行技术经济比较，从而做出决策的判断和确定。投资估算作为项目建议书和项目可行性研究报告的重要组成内容贯穿始终，并影响决策阶段以后每个阶段的工程造价。投资估算框定了项目建设费用数额，是进行项目决策、筹集资金和合理控制造价的重要依据，也对初步设计概算起到控制作用。因此，投资估算应实事求是地反映建设地区的经济状况，精准地预估工程建设项目的建设投资。

项目投资决策的科学性决定了项目预期的实现程度，也决定项目投资的效果水平，关系到项目建设的成败。工程建设项目投资的准确性是工程造价合理的前提，因此，实现有效的工程造价管理，首先必须做好投资估算。

2. 设计阶段

设计阶段是分析和处理工程技术与经济关系的关键环节。在设计阶段，工程造价管理人员需要密切配合设计人员进行限额设计，处理好工程技术先进性与经济合理性之间的关系。设计阶段一般按初步设计阶段、技术设计阶段和施工图设计阶段三个阶段进行。

在初步设计阶段，要对项目进行多方案、多层次的技术分析对比，确定初步设计方案，审查工程概算，确保初步完成的设计方案整体不超投资估算。在技术设计阶段，对初步设计的概算进行补充修正，着重针对工程建设项目所存在的重大技术问题展开论证和评估。施工图设计阶段，则是按照审批的初步设计内容、范围和概算进行技术经济评价与分析，提出建设难点的对策，优化施工图整体设计方案，审查施工图预算。因此，设计阶段工程造价管理的主要方法是通过多方案技术经济分析优化设计方案，同时，通过推行限额设计和标准化设计，有效控制工程造价。

3. 发承包阶段

发承包阶段直接影响着项目后续施工甚至竣工结算，对项目实施具有决定性作用。该阶段必须事先确定工程所采用的发承包方式，明确该发承包方式所采用的合同计价方法。招标单位在发布招标公告时，应首先编制招标书及图纸资料等文件，提出招标要求、合同主要条款、招标工程量清单、投标起止日期和开标日期、地点等，然后采用合适的评标方法在同一基础上评价各家报价，选择合理的承包商，最终确定承包合同价。

参加投标的企业，认真研究招标文件，在符合招标要求的条件下，对投标项目估算工程成本与造价，编制施工组织设计，提出主要施工方法及保证质量措施，在规定的施工期限内，向招标单位递交投标资料、报价并争取中标。

4. 施工阶段

施工阶段作为工程建设项目由蓝图转变为实体，实现项目价值的主要阶段，与其他阶段相比，资源投入量最大。由于施工组织设计、工程变更、索赔、工程计量方式的差别以及工程实际施工中各种不可预见因素的存在，使得工程造价管理难度加大。本阶段工程造价管理的核心就是履行施工合同，力求在规定的工期内实现质量达标、造价合理的项目建设目标。

因此，在工程造价管理中，建设单位须采取编制资金使用计划、及时进行工程计量与结算、预防并处理好工程变更与索赔的手段，施工单位则应做好成本计划及动态监控等工作，有效控制施工成本，从而实现对工程造价合理控制。

5. 竣工阶段

竣工阶段的工程造价管理，主要包括竣工结算和竣工决算。竣工结算由施工单位编制，建设单位审查，也可委托工程造价咨询机构进行审查。竣工结算反映了工程建设项目的实际造价。竣工决算则是站在建设单位角度，以实物数量和货币指标作为计量单位，综合反映工程建设项目从筹建直至项目竣工交付使用为止产生的全部建设费用。竣工决算是建设工程经济效益的全面反映，是项目法人核定各类新增资产价值、办理其交付使用的依据。竣工决算是工程造价管理的重要组成部分，做好竣工决算是全面完成工程造价管理目标的关键因素之一。

综上所述，工程建设项目五个阶段的造价管理过程如图 1.1 所示，所体现出的造价控制关系为上一阶段的造价控制下一阶段的造价，下一阶段的造价形成对上一阶段造价的补充。前者控制后者意味着前面阶段所形成的工程造价制约后面各阶段形成的工程造价；后者补充前者则意味着概算是对估算的深化，预算是对概算的细化。通过这样的阶段性造价管理保证工程造价被控制在合理的范围之内，实现投资控制目标。因此，在工程造价管理过程中，需要避免"三超"现象的发生，即决算超预算、预算超概算、概算超估算。

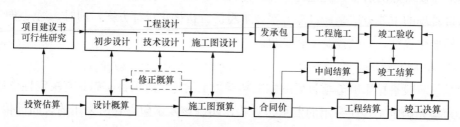

图 1.1　工程建设项目五个阶段的造价管理过程

注：竖向箭头表示对应关系，横向箭头表示计价流程及逐步深化过程。

1.2.3　工程造价管理的内容

1. 工程造价的合理确定

工程造价的确定就是将工程建设项目建设各个阶段的造价目标值进行计算和确定。工程建设存在的客观规律以及工程行业特殊的生产施工方式要求造价管理人员在整个项目建设期间，能够从宏观到微观、由粗到细地计算并确定工程造价，具体来说就是分阶段、分层式地预先计算和确定工程造价，合理地确定投资估算、概算造价、预算造价、承包合同价、结算价、竣工决算价，实现有限的人力、物力和财力的充分利用，获得最高的项目投资回报。

（1）工程建设项目决策阶段：按照有关规定编制和审核投资估算，经有关部门批准，即可作为拟建工程建设项目的控制造价额；基于不同的投资方案进行经济评价，作为工程建设项目决策的重要依据。

（2）工程设计阶段：在限额设计、优化设计方案的基础上编制和审核设计概算、修正概算和施工图预算，经有关部门批准的设计概算将作为拟建工程建设项目造价的最高限额。

（3）工程发承包阶段：进行招标策划，编制和审核工程量清单、最高投标限价或标底，确定投标报价及其策略，直至确定承包合同价。

（4）工程施工阶段：进行工程计量及工程款支付管理，实施工程费用动态监控，处理工程变更和索赔。

（5）工程竣工阶段：全面汇集在工程项目建设过程中业主实际花费的全部费用，编制和审核工程结算、编制竣工决算，处理工程保修费用等。

2. 工程造价的有效控制

工程造价的有效控制，就是在优化建设方案、设计方案的基础上，在建设程序的各个阶段，采用一定的方法和措施将工程造价控制在合理的范围内。具体来说，就是要用投资估算价进行设计方案的选择和初步设计概算的控制；用概算控制技术设计和修正概算造价；用概算造价或修正概算造价控制施工图设计和预算造价，以求合理地使用人力、物力和财力，取得较好的投资效益。

有效控制工程造价应体现以下三项原则：

（1）以设计阶段为重点的全过程造价控制。工程造价管理贯穿于工程建设全过程，而工程造价管理的关键在于前期决策和设计阶段。在项目投资决策完成后，控制工程造价的关键就在于设计。长期以来，我国往往将控制工程造价的主要精力放在施工阶段——审核施工图预算、严格工程价款结算，对工程建设项目策划决策和设计阶段的造价控制重视不够。为有效地控制工程造价，应将工程造价管理的重点转到工程建设项目策划决策和设计阶段。

（2）主动控制与被动控制相结合。长期以来，人们一直把控制理解为将目标值与实际值进行比较，当实际值偏离目标值时，分析其产生偏差的原因，确定应对措施。在工程项目建设全过程中进行工程造价控制是有意义的，但问题在于，这种立足于调查—分析—决策基础之上的偏离—纠偏—再偏离—再纠偏的控制是一种被动控制，这样做只能发现已经发生的偏离，不能预防可能或即将发生的偏离。为了尽可能避免目标值与实际值的偏离，还必须立足于事先的主动控制及采取控制措施。简而言之，工程造价要主动地影响投资决策，影响设计、发包和施工，主动地控制工程造价。

（3）技术与经济相结合。有效地控制工程造价，应从组织、技术、经济等多方面采取措施。组织层面，包括明确项目组织结构、造价控制者及其任务、管理职能分工等；技术层面，包括重视设计多方案的选择，严格审查初步设计、技术设计、施工图设计，深入技术领域研究节约投资的可能性；经济层面，包括动态地比较造价的计划值和实际值，严格审核各项费用支出，采取对节约投资有利的奖励措施等。总之，技术与经济相结合是控制工程造价有效的手段，应通过技术比较、经济分析和效果评价，正确处理技术先进与经济合理两者之间的对立统一关系，力求在技术先进条件下的经济合理，在经济合理基础上的技术先进，将控制工程造价观念渗透到各项设计和施工技术措施之中。

1.3 电力工程项目计价模式

1.3.1 定额计价模式

1. 定额计价模式概述

(1) 工程定额的概念。工程定额是指在正常施工条件下，完成一定计量单位合格产品所消耗的人工、材料、机械、费用的规定额度。这种规定额度反映的是在一定的社会生产力水平下，工程建设中的某项产品与各种生产资源消费之间的特定数量关系，体现了正常施工条件下人工、材料、机械、资金等消耗的社会平均合理水平或平均先进水平。"正常施工条件"强调施工过程符合生产工艺、施工验收规范和操作规程的要求，且满足施工条件完善、劳动组织合理、机械运转正常、材料供应及时等条件。

工程定额按生产要素消耗内容，可以划分为劳动消耗定额、材料消耗定额、机械消耗定额；按不同用途，可以划分为施工定额、预算定额、概算定额、概算指标和投资估算指标；按专业进行划分，则可分为架空输电线路工程、电缆输电线路、调试工程、通信工程、加工配置品定额等；按编制单位和执行范围的不同，可以分为全国统一定额、行业统一定额、地区统一定额、企业定额和补充定额。

(2) 定额计价模式。

1) 定额计价模式的发展。电力工程项目定额计价模式的变革与我国经济体制改革紧密相连。计划经济体制下，政府对电力工程项目实行高度统一的计划管理，国家通过颁布统一的估价指标、概算指标、概算定额、预算定额和相应的费用定额，实现对电力工程投资的直接管理和调控，这在较大程度上完成了当时国家对电力工程项目进行投资管控的目标，对电力行业的发展起到了促进作用。

随着具有中国特色社会主义市场经济体制的建立，电力工程项目生产要素价格由统一规定转为市场供需决定，传统定额中所包含的生产要素价格与市场价格产生偏差，为适应经济体制的转变，向着市场形成价格的方向展开了行业造价管理体系的改革。即对定额计价模式进行市场化改革，将人、材、机的消耗量和单价分离，通过国家相关规定与标准实现对消耗量控制，并对价格进行指导，允许一定程度的单价竞争。

在市场经济改革不断深化的进程中，"控制量、指导价、竞争费"的计价模式暴露出局限性。因为这种计价模式下企业难以结合项目具体情况、自身技术优势、管理水平和材料采购渠道价格进行自主报价，企业综合能力不能充分体现。市场经济改革强化了市场主体对竞争的适应能力，国家调控阶段大力支持施工单位制定企业定额，电力施工企业采用企业定额开展投标报价活动，可以从技术、管理等方面充分体现出企业的竞争优势，有利于解决上述问题。事实上，建立企业定额也成为企业推动技术和管理创新的一种手段。

2) 定额计价的基本程序。电力工程项目定额计价模式以定额为依据。首先，按定额规定的分部分项子目，逐项计算工程量，并套用定额单价或单位估价表（基价）确定直接费；然后，**按规定取费标准确定构成工程价格的管理费、利润以及规费和税金等**，综合形成整个电力工程项目的工程造价。电力工程项目定额计价模式的程序如图 1.2 所示。

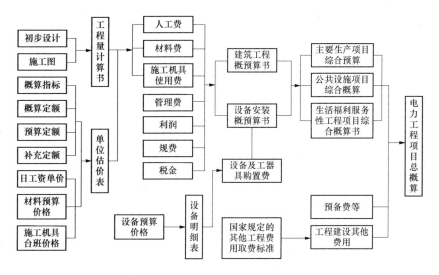

图 1.2　电力工程项目定额计价模式的程序示意图

2. 电力工程定额计价优缺点

（1）定额计价模式的优点。

1）**市场锚定作用**。电力行业经过几十年的持续改革与发展，不论是国家宏观调控还是微观民事纠纷，定额体系至今仍发挥着锚定市场的重要作用。定额诞生初期就制定计算规则并持续完善，结合各地电力工程造价管理机构定期发布价格信息，使各个电力工程建设项目都有了统一的参照标准，对定额计价起到了有效的管控作用。

电力行业发展过程中因工程造价纠纷引起的仲裁或诉讼案件逐年增多，由于电力工程合同标的的特殊性、合同内容的复杂性，合同当事人利益目标不同，合同争议往往难以解决，纠纷的焦点集中在工程造价的确定上。2021 年《最高人民法院关于审理建设工程施工合同纠纷案件适用法律问题的解释（一）》中第十九条强调，"因设计变更导致建设工程的工程量或者质量标准发生变化，当事人对该部分工程价款不能协商一致的，可以参照签订建设工程施工合同时当地建设行政主管部门发布的计价方法或者计价标准结算工程价款"。由此看出，定额计价成为造价纠纷、诉讼问题的判定依据。工程定额作为市场和造价管理部门的评判依据相对而言是比较客观和具有公信力的。

2）**具备完善的收集、测算与管理体系**。我国有完整的定额管理和研究体系，既有各地的标准定额管理单位，又有各类造价协会，其中建设工程造价管理协会还下设了石油化工、公路、水利、电力等十七个专业委员会，涵盖了建设领域的全方面。

中国南方电网有限责任公司（简称南方电网）以定额为基础，建立了完整的工料机价格信息收集、消耗量测算发布体系，其中包括南方电网电网工程主要设备材料信息价和南方电网信息化项目预算编制与计算方法等。此外，还制定了由估算、概算、预算、签约合同价、结算、决算至项目后评价的完整电力工程投资体系，为政府和企业投资打造了科学的计划、实施、控制、评价系统，并为电力工程建设项目发展提供基础支撑。

国家、地方发布定额，数据需要经专业管理部门收集、筛选、测算，由协会协助形成正式文件并审核发布。定额不仅为政府投资提供价格基础，也可作为社会投资及时、可信的参考依据。

（2）定额计价模式的缺点。

1）定额编制与实际工程存在偏差。电力工程概预算定额作为一种静态工程造价模式，具有明显的滞后性。近年来，电力工程建设项目中大量采用新设备、新材料、新技术和新工艺、新工程设计与方案、新装备与新施工方法以及新的验评标准，虽然现行电力工程定额在努力适应设计、施工以及验收规范的变化，但由于收集一手资料和数据的时间有所滞后，且受资料收集方法、编制时间及管理机制所限，定额消耗量不能完全匹配电力工程新技术和新工艺的发展。

2）定额要素价格对市场变动的响应不够及时。电力工程定额涉及人工价格、材料价格、机械价格和工艺设备价格等各类要素的价格，虽已建立了一套要素市场价格的跟踪、分析和发布机制，但在收集渠道畅通性、跟踪手段高效化、发布信息及时性等方面均有待进一步提升。特别是人工、材料和机械价格的分类，以及相关的表现形式，业界期盼能够寻找到一种更为直观且能有效接轨市场的计算方式，从而提高定额价格对市场变动的响应度。

3）定额使用与管理缺乏数字化支撑。《南方电网公司"十四五"数字化规划》明确要求，"把数字技术作为核心生产力、数据作为关键生产要素，按照'巩固、完善、提升、发展'的总体策略推进数字化转型及数字电网建设可持续发展"。然而，目前电力工程定额的编制虽有相关软件和数据库支撑，但相较建立完备的电力工程定额大数据体系还有很大差距。信息化和数字化水平不足会导致定额编制数据的收集和存储困难，数据采集和共享不畅通，进而导致定额测算缺少及时、可靠的基础依据，不利于利用大数据和智能化等新技术进行资源整合与共享，进一步影响定额编制效率的提升。

1.3.2 清单计价模式

1. 工程量清单计价模式概述

（1）工程量清单的概念。工程量清单是载明建设工程分部分项工程建设项目、措施项目和其他项目的名称、项目特征和相应工程数量以及规费和税金项目等内容的明细清单。工程量清单又可分为招标工程量清单和已标价工程量清单。其中，由招标人按照招标文件和施工设计图纸要求，根据现行《建设工程工程量清单计价规范》以及施工现场实际情况编制的称为招标工程量清单；而作为投标文件组成部分的已标明价格并经承包人确认的称为已标价工程量清单。

招标工程量清单由具有编制能力的招标人或受其委托，具有相应资质的工程造价咨询人或招标代理人编制。工程量清单是对招标人和投标人都具有约束力的重要文件，若采用工程量清单方式招标，招标工程量清单必须作为招标文件的组成部分，且由招标人负责其准确性和完整性。招标工程量清单应以单位（项）工程为单位编制，由分部分项工程量清单、措施项目清单、其他项目清单、规费项目和税金项目清单组成。

（2）工程量清单计价模式。工程量清单计价模式是在市场经济条件下，利用企业定额，自主定价公平竞争的模式，也是目前电力行业主流的计价模式。换流站清单计价模式按照《电力建设工程工程量清单计算规范（变电工程）》（DL/T 5341），在工程量清单项目设置和工程量计算规则基础上，针对具体的施工图纸和施工组织设计计算出各个清单项目的工程量，再根据统一的报价口径和报价单位自身情况计算出综合单价，经汇总各清单综合单价得出电力工程总造价。全部使用南方电网系统投资或以南方网公司系统投资为主的电力工程发承包，应采用工程量清单计价招标，编制招标工程量清单。目前，工程量清单计价模式主要应用于换流站工程中项目的招投标、建设实施和竣工结算。

工程量清单计价基本过程可以描述为：在统一的工程量清单项目设置的基础上，制定工程量清单计量规则，根据电力工程的施工图纸计算出各个清单项目的工程量，再根据各种渠道所获得的工程造价信息和经验数据计算得到工程造价。电力工程建设项目工程量清单计价模式的程序如图1.3所示。

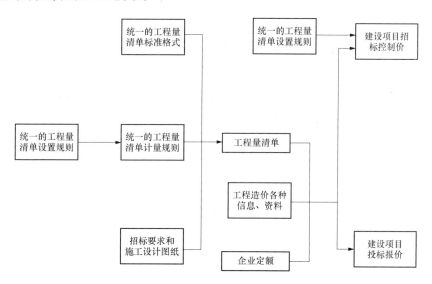

图1.3　电力工程建设项目工程量清单计价模式的程序示意图

2. 扩大工程量清单

（1）扩大工程量清单的概念。工程量清单并不代表一个工艺的实体，它代表的是一道工序。而扩大工程量清单代表一个建筑物的实体，就是将一个实体的项目所包含的那些清单子目进行打包。扩大工程量清单是以输变电标准设计各细分模块为单元进行划分，相当于一个分部分项建筑实体的打包。

基于工程实体各分部工程分类，将分项工程清单按类别进行了汇总集合，所形成的便是扩大工程量清单。以换流站工程"极1高端阀厅"为例，其对应的扩大工程量清单包括一般土建、上下水、通风空调、照明动力、消防设施等图纸模块涵盖的全套施工内容，还包括采购、安装、调试等。

（2）扩大工程量清单的作用。

1）设计深度不足的情况下，满足招标需求。招标工作通常从方案设计、初步设计开始。由于换流站工程项目在这一阶段存在设备定型、技术工艺选择等困扰，导致施工设计深度无法满足编制现行工程量清单要求，因此清单编制无法以分项工程为基础进行编制。扩大工程量清单的使用在一定程度上可以避免上述问题，当设计深度不足时，选择较为综合的上层项目进行清单设置，满足项目建设进度要求，加快换流站工程项目招标过程。

2）规范电力建设市场，节约电力工程建设项目投资。扩大工程量清单是在工程量清单计价规范的基础上形成的具有强制性作用的标准性文件，可以最大程度地规范发承包双方计价行为，以保障造价文件的规范性和合理性。扩大工程量清单对发承包双方的行为进行了严格要求和系统管控，有很强的参考性，可以在很大程度上避免招标过程中高估冒算或盲目压价的行为，使招标活动更加合理、透明。

3）促进计价模式科学化，减少结算争议。扩大工程量清单由清单编码、项目名称、项目特征、单位、工程量、单价及合价、结算调整依据等组成，以工程实体模块为单位表现、标准设计模块为基础进行工程量计算，承包方统一以扩大工程量清单为基础编制文件，为高效、优质地编制工程量清单提供了支持，有利于提高投标报价的准确性。

另外，扩大工程量清单的规范标准是各参建方认可的，且在编制中明确了项目结算的调整依据，因此在工程结算过程中，可有效避免发承包双方在结算时对于工程造价发生争议的情况。

3. 电力工程工程量清单计价优缺点

（1）清单计价模式的优点。

1）体现风险分担原则。由于电力工程建设项目具备复杂性、不确定性，且具有诸多变更因素，工程建设的风险较大。投标人通过对工程成本和利润分析，选择最合理的施工方案，并根据企业定额和劳动定额合理确定人工、材料、机械的投入和配置，优化组合，合理控制现场费用和施工技术措施费用等。采用工程量清单计价模式，投标人只对自己所报单价负责，而工程量变更的风险由招标方承担，这种方式符合风险合理分担与责权利关系对等的一般原则。

2）有效规范市场秩序。造价是工程建设的核心内容，电力建设市场的许多不规范行为都与造价有关。由于工程量清单作为招标文件的组成部分，包括了拟建工程的明细清单，由招标人统一提供，建立了公平竞争的统一平台，从而保证了投标人竞争基础的一致性。

实行工程量清单招投标具有把定价权交还给企业和市场、淡化定额的法定作用，在工程招标投标程序中增加"询标"环节，让投标人对报价的合理性、低价的依据、如何确保工程质量及落实安全措施等进行详细说明。通过询标，不但可以及时发现错算、重算、漏算等问题，保证招投标双方当事人的合法权益，而且还能将不合理报价、低于成本报价排除在中标范围之外，有利于维护公平竞争和市场秩序。

3）发挥造价精益化管控职能。工程量清单计价模式是一种工作流程，在这种工作流程中充分引入了双边治理机制，即由供电企业提供电力工程的项目清单，由外包单位根据项目清单提供报价，这样就能防止"暗箱操作"对供电企业所造成的困境。再者，工程量清单计价模式应用于招投标活动中，这在潜在的外包单位之间引入了市场竞争机制，进而促使项目报价趋近于合理利润空间，消除由某个外包单位垄断所形成的垄断利润。由于供电企业存有标底，能够避免因低价恶意竞标所带来的逆向选择风险。因此，工程量清单计价模式能够促进造价精准化管控目标的实现。

（2）清单计价模式的缺点。

1）工程量清单计价规范本身不够完善。目前，我国清单项目的体系不完善，划分方式参照了传统概预算定额项目的划分方式，所以存在一些划分不合理、划分的详细程度不合适等问题。当项目划分过细时，工程结算时比较烦琐，不能准确且高效提供报价；一旦项目划分过粗，就不利于施工企业对成本进行分析，致使报价也不精确。以换流站工程建设为例，其中电缆保护管的直径、材料、型号不同，编码不按型号分类，每种型号价格有所不同，这在一定程度上会影响报价准确性，这也是现行计价规范的不够完善导致的。

2）设计深度不够，工程量清单质量较低。首先电力工程建设项目为了满足国民经济发展对用电的需求，通常会在项目核准后，尽快开工建设、投产运营，这导致招标阶段设计深度达不到《变电工程初步设计内容深度规定》（DL/T 5452—2012）的要求，最终造成设计中存在的错项、漏项、缺项及前后矛盾等现象。

其次工程量清单编制受限于单位资质不同，编制工程量清单人员的专业技术水平不同，造成工程量清单漏项或项目内容含糊不清，会严重影响工程量清单编制的准确性，引起暂估项目的增多，最终导致施工过程中设计变更较多，给结算阶段造成不必要的麻烦。

1.3.3　定额计价模式与清单计价模式的对比分析

1. 计价作用对比

电力工程预算定额是根据电力行业相应机械、材料、人工等的社会平均水平编制的。由于时间、市场环境等因素是动态变化的，与清单计价模式相比，定额只能反映静态的价格。同时，电力工程预算定额没有将措施项目和实体消耗相分离，无法鲜明地呈现电力工程建设项目的特点。

基于《电力建设工程工程量清单计价规范　变电工程》（DL/T 5745—2021）计价，清单计价模式能反映分部分项工程的消耗情况，体现了"控制量、指导价、竞争费"的原则，实现了措施项目与实体消耗相互分离。在目前我国大部分的电力施工企业还无法根据自身企业情况编制消耗定额，清单计价模式消耗量标准成为投标报价以及招标控制价编制过程中重要的依据。

2. 项目划分对比

定额项目一般是根据工程部位、材料、工艺、施工器械、施工方案和材料规格型号的差异进行划分，定额项目包括的工程内容是单一的。因此在电力建设工程定额中，一般包含的项目有几千条，项目划分非常细致。

工程量清单项目的设置是从一个"综合实体"出发，体现出的是一个功能单元，因此"综合项目"一般包括多个子目工程内容。如《电力建设工程工程量清单计价规范》（DL/T 5745—2021）中对预制基础仅对其项目特征进行描述，未对施工过程中预制构件的运距和运输方法进行描述。电力建设工程量清单划分较为综合，其包含项目仅有几百条，主要从项目特征、材料、工程部位等几个方面进行划分，不考虑施工过程中所采用的具体措施以及施工方法。项目划分较为综合能够使施工方式更为灵活多变，也可以使电力施工企业根据自身情况进行报价，逐步脱离对定额计价的依赖，进一步构建符合自身企业实际发展情况的价格体系。

3. 价格机制对比

在传统定额模式下，由于价格采用由政府统一定价并统一以价格指数的形式来调整的静态管理方式，并且将工程实体性消耗与施工措施性消耗捆在一起，导致技术装备、施工手段、管理水平等本属于竞争机制的个体因素固定化等问题，无法反映企业的综合实力，不利于社会生产力的发展。

工程量清单计价模式招投标打破了过去价格由政府统一的静态管理模式，招标人在编制工程量清单时将实体性消耗与措施性消耗分开，投标人在编制投标报价时能够依据企业定额消耗量或参照电力概预算定额消耗量、市场价格信息等各种要素，结合电力建设施工企业的技术装备、施工手段和管理水平等情况自主定价，充分体现了投标单位的个性化、差异化。

4. 风险分担对比

在定额计价模式下，换流站工程量由投标方进行计算与确定，同时根据合同约定，在结算的过程中能够对原有的价格进行相应的调整，因此定额计价模式下由施工方造成的风险问题较少，故其一般只承担工程量计算风险，不承担材料价格风险，这无疑增加了建设单位的风险压力，不利于企业对项目成本的控制。

相比定额计价，采用工程量清单计价模式，能充分体现风险分担的原则。由于换流站工程普遍比较复杂，导致项目的建设周期、工程变更情况与一般项目存在差距，因而工程建设的风险比较大。招标人要对工程内容及其计算的工程量负责，应承担工程量的计算误差及变更风险，即只承担"量"的风险；投标人仅根据市场的供求关系自行确定"工、料、机"价格和利润、管理费，只对自己所报的成本、单价等负责，而对工程量的变更或计算错误等不负责任，即只承担"价"的风险。由于成本是价格的最低界限，投标人减少了投标报价的偶然性技术误差，有足够的余地选择合理标价的下浮幅度，掌握一个合理的临界点，既使报价最低，又有一定的利润空间。

另外，由于制定了合理的衡量投标报价的基础标准，并把工程量清单作为招标文件的重要组成部分，既规范了投标人计价行为，又在技术上避免了招标中弄虚作假和暗箱操作。

第 2 章
换流站工程造价管控模式分析

2.1 换流站工程造价管控现状

2.1.1 工程造价管控模式

1. 全过程造价管理

1988 年，国家计委印发《关于控制建设工程造价的若干规定》的通知（计标〔1988〕30 号），文件指出：建设工程造价的合理确定和有效控制是工程建设管理的重要组成部分。控制工程造价的目的不仅仅在于控制项目投资不超过批准的造价限额，更积极的意义在于合理使用人力、物力、财力，以取得最大的投资效益。为有效地控制工程造价，必须建立健全投资主管单位，建设、设计、施工等各有关单位的全过程造价控制责任制。这是我国就建设工程全过程造价控制（或管理）首次以规范性文件进行要求。由此可见全过程造价管理是相对于传统的工程造价管理或工程计价而言的集成管理。

2013 年，我国发布了《工程造价术语标准》，就工程造价术语进行了全面的定义，其中对全过程造价管理的定义如下：

全过程造价管理（Cost Management of Whole Construction Process）是指工程造价专业人员基于各自的工作岗位，应用工程造价管理的知识与技术，为实现建设项目决策、设计、发承包、施工、竣工等各个阶段多要素的工程管理目标而进行的连贯性工作。工程造价咨询企业为投资或建设方所提供的建设项目全过程造价管理有偿服务即为全过程造价管理咨询。

具体来说，建设工程全过程造价管理涉及建设工程参与各方，其管理的指导思想应基于建设工程项目全寿命期的价值管理，管理的范围应覆盖项目策划决策与建设实施，以及运营的全过程，管理的要素涉及影响建设工程造价的质量、工期、安全、环境、技术进步各个要素。全过程造价控制是从项目的立项到项目的竣工整个过程进行一系列的工程造价管理活动，包括设计方案比选和优化、招标投标的策划与合同管理、施工过程控制和竣工结算审核等工作，强调对各阶段的集成管理。

2. 全寿命周期造价管理

全寿命周期造价管理强调从项目全寿命的角度出发，整体考虑整个工程的造价和成本问题，进而实现总造价的最小化。全寿命周期造价管理可以用于分析决策备选方案，或用于分析工程项目的投资决策，同时也可以用于计算工程整个寿命期内的费用，再根据全寿命周期内的费用来确定工程所需要采用得最优方案。全寿命周期造价管理是用来寻找如何能够使得工程项目总体投资为最小、收益为最优的一种管理方法。它涵盖了决策期、建设准备期、建设期、运营维护期等所有寿命期。它的管理理念不仅可以在工程项目建设前期投资决策和工程设计阶段应用，还可以应用在施工组织设计方案评价、工程合同策划等方面，尤其在项目的运营与维护阶段的成本管理也可以发挥效用。

由于我国现行电力投资体制和运行管理机制的局限性，对于输变电设备建设的工程管理和运行管理通常分为若干环节相对独立实施的，导致我国电力工程造价的模式并未从电力工程的整个寿命周期的角度对其进行管理，造成在全国范围内很多电力工程在寿命周期内进行改造工作，甚至刚刚竣工就要进行改造。这些改造工作一方面造成大量的人力、物力和财力的浪费，另一方面也严重影响了电网功能和效益的正常发挥，造成电网企业总体经济效益的下降。

上述事实表明，我国现行的电力建设项目造价管理模式已经不能适应新的电力市场环境下对电力建设项目新的可靠性要求。传统的工程造价管理模式几乎没有考虑电力建设项目的生产运行阶段，部分涉及的工程也只是粗略地考虑了一下，没有以工程的寿命周期成本理论最小为指导，因此有必要将全寿命周期工程造价管理引入到我国电力工程造价管理的实际工作中去。

2.1.2 管控现状及存在问题

1. 决策阶段

投资管控工作缺乏深度。实际工作中普遍存在对投资估算重要性缺乏必要关注的问题，过于强调设计方面的要求，忽视技术经济工作的重要作用，以至于投资管控工作缺乏深度。相关技术经济人员缺乏投资管理观念、对投资管理工作不够深入，表现在对市场调研不够细致、对可行性研究方案考虑不够全面，估算的准确性随之下降，种种不利因素为后期的造价管理工作埋下隐患。

2. 设计阶段

（1）工程设计全面性不足。在电力建设项目中，有时会出现工程设计方案与实际现场施工不符的问题。工程设计方案缺乏科学性，会导致工程造价增加，降低工程造价控制的效率。在设计时，设计人员仅仅根据图纸进行设计，并没有结合工程实际情况，没有对工程进行调研和考察，导致很多地方的设计存在与实际不符的情况，例如地形和土质错误、未考虑电力管线与其他专业管线交叉的问题等。设计如果与实际施工不相符，正式施工阶段需要结合实际更改设计方案，导致工程造价发生改变。

（2）限额设计工作运用受限。电力建设项目限额设计中的限额包括投资估算、设计概算、设计预算等，均是指换流站工程建设项目的一次性投资。目前，在换流站工程设计阶段积极推行限额设计的同时，还应清醒地认识到它的不足。工程限额设计强调设计限额的重要性，使价值工程中有两条提高价值的途径在限额设计中不能得到充分运用：即造价不变，功能提高；造价提高，功能有更大程度提高。尤其后者，在电力建设项目限额设计中运用受到极大限制，这样也就限制了设计人员在这两方面的创造性，有一些新颖别致的设计往往受设计限额的限制不能得以实现。

3. 发承包阶段

招投标流程管理缺乏规范性。电力行业是国家支持的重要基础产业，近年来市场上的竞争力度不断加大，一些电力企业并没有重视招投标阶段的工程造价管理，忽视招投标阶段工程造价的公平、公开与公正问题，招投标流程管理缺乏规范性。有的企业在招标过程中存在暗箱操作的现象，采取不良的竞争手段，在投标过程中随意报价，干扰市场秩序。甚至有些工程采取先找施工单位后招标的方式，由于没有签订相关合同，双方承担的责任不明确，导致造价难以控制，给双方造成利益损失。

4. 施工阶段

(1) 设计变更与现场签证管理松散。设计变更是工程变更的重要组成部分，会对施工阶段工程造价控制、施工进度以及质量控制产生直接影响。越早完成设计变更，对于后续工程造价管理工作的落实就越有利。现场签证通常情况下指的是在项目施工阶段用来证明施工过程应对特殊情况的书面文件，此类文件需要三方人员共同签字确认，分别是项目业主、项目施工方和项目监理人员。在实际电力建设项目施工工作开展时，经常会出现设计变更以及施工现场签证管理松散的情况。具体来说，在电力建设项目施工开展过程中，施工周期经常被压缩，这对后续决算工作产生严重的负面影响。另外，部分管理人员对于现场签证没有正确的认识，使得现场签证管理工作流于形式，致使结算工作处于被动状态，很容易造成资金浪费。为避免这类问题产生，需要相关管理人员全面分析施工阶段造价管理中存在的不足，并给出针对性的解决措施，将施工花费控制在合理范围内。

(2) 现场造价数据管理效率低。我国已经全面进入到信息化时代，数字化技术在很多领域中都可以合理应用，在电力建设项目的施工阶段更是如此。但是与现阶段实际情况进行结合分析时，发现在当前工程造价管理以及控制方面仍然存在很多问题，整体应用程度无法达到标准要求，最终导致的结果就是造价数据无论是在处理方面或者是在成本信息的整体结合方面，基本以手工的方式来进行收集和利用。久而久之，现有的造价方案在编制及应用时，过于依赖人工，很难保证造价管理效率和控制水平的有效提升。

同时，电力建设项目积淀了大量的造价数据。但受传统管理模式及技术制约，这些数据没有得到有效的归集、分析与处理。先前电力建设项目完成后，也应进行工程总结，对工程造价管理中的问题、成功经验和数据进行整理、分析、研究，为以后的电力建设项目提供参考资料。虽然电力建设项目工程造价逐渐朝着规范化、标准化的趋势发展，但因电力建设项目技术经济管理人员对工程总结和数据信息库完善不重视，并没有及时地对数据信息库进行完善。大量历史造价数据价值也没有得到充分的挖掘与应用，制约了电力建设项目造价管控水平的提升。

(3) 过程结算难以推行。目前，有关推行施工过程结算的法律法规尚不健全。虽然现有的政策文件提出了推行工程过程结算的建议，但缺乏具体的指导意见。同时，电力建设工程行业普遍存在"重视竣工结算、忽视过程结算"的现象。一方面，发包人对推行施工过程结算重视不够、意愿不强；另一方面，承包方的造价专业人员配置不足，技术力量薄弱，推行工程过程结算的难度较大。

此外，发承包人在市场交易中地位不平等的现象一定程度上影响了施工过程结算推行速度，使得过程结算实施难度较大。在电力建设工程招投标活动中，发包人提供的合同均为格式合同，承包人只能按照招标文件进行投标，无权修改。在交易阶段，发包人可以根据自身条件设定合同条款，通过支付方式、支付期限等条款规避资金筹措风险，承包方的市场地位则相对较弱。

（4）过程索赔追加困难。任何一个工程都会存在索赔事件，索赔是合同管理的重要环节。电力建设项目具有涉及范围广、金额大、周期长、不确定因素多等特点，在施工过程中不可预见的事件多，因此索赔工作就显得尤其重要，故在签订合同时必须确保合同内容的全面性与详细性，务必做到细致、严谨。但在实际操作中，合同双方往往因为缺乏合同管理经验，仅对合同重要条款做出粗略规定，对细节方面却严重忽略，权责利等关键条款约定不明确、不全面。

尤其是在电力建设高峰期，设计单位设计项目多，人员紧张，施工图的交付进度严重滞后。电力建设单位时常为了赶工期，在施工图未能提供完整的情况下，要求施工单位按来图进度分系统或分部施工，那么图纸审核也只能是针对分部。在这种没有系统性、连续性的施工图的情况下施工，往往在分部与分部对接或专业与专业对接的时候发现施工中的错误或问题，引起返工，同时索赔内容烦琐，容易造成造价管理失控。

5. 竣工阶段

拖延工程结算现象普遍。结算工作是整个建设工程的重要环节之一，实际结算过程中发包人往往会通过拖延结算来达到压低结算价格、延迟支付工程款的目的。为规避类似风险，前期合同沟通时承包人就会争取在合同中约定结算周期及逾期默认条款。但在客观上因为竞争、市场地位等原因，承包人往往难以争取到对自己有利的支付方式。在实际结算过程中，部分业主为了尽可能地拖延时间以达到工程费用的开支，故意拖延工程结算，干扰了整个资金链的正常运行。对于施工方来说，在整个电力建设项目竣工结算中处于弱势地位，难以形成对结算方的有效制约，造成工程结算进度拖延，而一般的工程结算规范或条例也是十分不严密，款项之间存在很多的矛盾点，并且账目清单不清晰，往往使结算方有机可乘。

2.1.3　现存问题的原因分析

1. 造价精准管控意识不足

目前，电力建设项目的相关人员缺乏全员造价精准管控意识。在建设过程中技术、设计、施工人员认定造价精准管控仅是工程预算员的相关职责，对工程的经济性重视程度以及造价精准管控的关注度不高，且在实际工作中落实时比较粗放，各阶段的管控重点内容是相互分散独立，故造成需要重点管控的内容繁杂，耗费较多人力物力财力。在这种形势下，很难真正实现各环节之间的有效串联，精准管控理念很难有效地落实，无法将其自身的作用和价值充分发挥出来。

同时，在开展电力建设项目工程造价精准管控过程中，对各部门的基础数据在规范性、准确性、及时性提供方面的要求不断提高，由于当前大数据技术在电力建设项目的应用还不够深入，造价管理人员对于合理运用大数据进行造价精准管控的主观认识还不到位，直接导致造价精准管控在推进过程中受阻。同时，制度体系的建立与逐步完善，也是推进精准管控体系全面应用的重要保障。目前电力建设项目在制度体系构建上，缺少造价精准管控规范的细化实施细则和操作手册，难以将精准管控理念与实际工作相融合。

2. 管理职责划分不够明确

管理职责的明确划分是影响造价精准管控的重要原因，而实际造价管理过程中对于职责的划分通常是不明确且不清晰的。电力项目造价管理过程中的各项工作通常都是由多个职能部门协同负责，并无明确的领导者和相关责任人，因此造成造价管理责任主体缺位，部门间交叉管理的职责边界会变得模糊。

此外，部门之间对于相关信息的捕捉与处理的能力也有所差异，加之沟通不到位，导致职能部门之间的信息共享难度增大，尤其是在部门间意见难以统一的时候，只能将问题层层上报至项目经理或其他负责人，而较长的反馈时间也会使得项目的推进受到影响，故很难通过沟通协调一致的方式来解决。因此，仅靠各行其是、分头管理，组织的管理无法发挥出应有的职能效果，难以高效推行造价精准管控。

3. 造价管理数字化转型缓慢

及时、完整地获取准确的电力建设项目造价数据是保证造价精准管控质量的根本，电力建设项目造价精准管控过程常受工程投资、建设条件、建设程序、资源消耗等多种因素影响，涉及的管理阶段和参建单位较多、专业分类复杂。当前，电力建设项目工程造价精准管控要求不断细化，虽然电网基建全过程综合数字化管理平台已初步形成了基建管理信息化，在造价管理专业基本能够实现初设评审管理、施工图预算管理、结算管理、造价指标分析等功能，但对于电力建设项目工程造价资源，各省级电网公司有不同形式的探究，基于数据的管理方式及标准尚未形成统一要求，容易导致建设过程中各类信息没有实现初始化的精准管理，造成统计分析数据脱离实际，主要有以下两方面：

首先，造价数据质量不佳、数据壁垒严重。主要是由于以下原因导致：一是造价文件格式不完全统一，给数据的结构化存储带来困难；二是数据接口规则不完全统一，导致数据无法高效流转；三是数据质量校验机制尚不完善，导致错误数据、无效数据被大量存储。低质量的数据最终导致各相关方之间存在一定程度的"数据壁垒"，使得各方无法及时有效地共享信息。

其次，造价计算效率不高、数据价值挖掘不足。造价自动计算工具的匮乏导致手算图纸工程量、手动套用定额、人工汇编成果文件仍是行业主流。在工程建设节奏较快、专业水平参差不齐的背景下，造价成果的人为错误时有发生，行业生产力被严重束缚。智能分析工具的匮乏以及造价数据质量不佳导致大量数据的价值没有得到有效挖掘，管理提升的空间被严重束缚。

2.2　换流站工程造价需求分析

2.2.1　电力建设企业造价需求分析

1. 亟须健全造价精准管控体系

现有电力建设单位大多对换流站项目造价管控缺乏一套完整的体系，低效的造价控制方式不仅浪费了企业资源，同时加大了项目施工难度。目前造价管理的方式多集中于常规的事后管控，即建设单位在电力施工活动结束后才开始对施工过程中各个阶段的项目造价进行审核，然而这种方式对造价评估不够准确，电力建设企业无法对换流站项目支出与亏损有明确的认识，无形之中给建设单位造成大量的经济损失；另外，少部分电力建设企业虽然在项目实施前制定了造价管控实施管理办法，但在项目建设工程中，受限于多种因素致使造价管控方法的执行不到位，效果甚微。

当下电力建设企业主要需求是针对换流站项目健全造价精准管控体系，在项目实施前、中、后三阶段分别采取不同的科学造价管理模式。在项目前期，将造价管控意识融入项目前期策划与设计，让电力建设企业从宏观战略制定和项目整体把控等方向进行造价管理方案的推动；在项目中期，强化与承包商的沟通，利用造价数据对造价精准管控效果进行动态监控；在项目后期，细化清单与指标控制，积累造价数据资料，优化造价精准管控体系，提升企业竞争力。

2. 搭建数字平台

在换流站项目的实施过程中，专业分包众多，施工过程高度动态化。随着项目阶段化实施的速度加快，项目产生的各项造价数据逐步堆积，尤其是在项目招投标、设计、施工阶段。且囿于当前信息化平台的不完善，电力建设企业对项目的进展了解不全面，导致电力建设企业对后续换流站建设可能产生的变更无法预测与分析，进而错失了造价管控的关键节点。

因此，电力建设企业有必要搭建数字平台，该平台收集和存储换流站工程相关的价格、生产、作业基本数据以及各类资源数据。同时，通过对换流站项目历史工程造价数据的全面收集与整理，依托公司造价分析、结算审查等管理工作的开展，对多个样本工程实现了造价数据有效集成与整合，为施工承包企业科学开展换流站项目工程造价数据挖掘与知识应用提供了良好的平台。同时，施工单位可通过该平台及时报送项目造价数据以及项目进度等，以便建设单位履行监督职责，提早发现项目执行过程中的问题，最终避免经济效益的损失。

3. 协调各参与方目标

换流站项目综合土建、电气安装、输变电缆等多专业，参与项目建设的单位众多，然而各单位的工作内容存在差异，项目管控目标不一致，影响项目推进，这给建设单位带来较大的投资失控风险。例如，设计单位服务于业主利益，目标是在保证安全、经济的条件下，满足建设单位设计需求，施工单位的项目经理更多关注工程质量和施工生产进度，二者目标的不统一，反映在实际建设过程中便是设计图纸与施工效果不符的问题，从而阻碍了工程项目的推进。上述问题暴露出各单位因目标差异造成建设单位造价管控脱轨的问题，很难达到控制换流站造价、降本增效、实现整体利润最大化的目的。

面对诸如换流站这类复杂工程项目时，需要建设单位在充分了解项目后，针对项目实际情况，做到事前准备、事中控制。在项目实施前与各参与方做好前期沟通，明确各部门工作界面；当项目实施过程中遭遇问题时，由建设单位主导，积极发挥组织协调与管控能力，基于各方目标和利益，制订出各方满意的协调方案，保障项目顺利推进，实现利益均衡和最大化。

4. 加强设计变更管理

换流站项目的施工阶段是造价管控的关键阶段，设计变更是施工阶段的关键控制节点之一。在设计变更管理中，存在以下问题：首先是施工单位没有严格地按照变更的程序进行管理，存在擅自变更、重复变更的现象，从而增加了造价。其次是工程变更严重，有些是设计缺陷所导致工程不得不变更，也有些是施工单位在利益的驱动下故意提出变更以此向建设单位索赔，提高工程结算造价。在实施工程设计变更时，有时因监管不到位，未进行充分论证就进行了变更，使工程建设的造价大幅增加。

所以，在施工过程中，电力建设企业要建立一套完整的设计变更程序，对于原设计出现遗漏或与现场情况不符而无法保证原设计质量的，应严格按照设计变更程序进行更改。同时，电力建设企业迫切需要施工单位提高现场管理人员建设技术水平和管理水平，尽量避设计变更的发生，通过严格的造价管理使换流站项目的造价控制在合理范围内。

2.2.2 施工承包企业造价需求分析

1. 亟须建立目标责任制和考核体系

大部分换流站项目的造价管理缺乏健全的造价管理制度。有些施工承包企业虽然已经建立了造价管理的相关制度，但执行力不高，对管理人员以及施工人员的权、责、利划分不明，未能与新形势下电力建设行业的发展特点相结合，制度难以落到实处。同时，缺少一定的奖惩措施，或是奖惩措施执行效果一般，难以调动项目参与人员积极性。

电力施工企业为确保全体工作人员树立成本控制意识，提高项目经济效益，应建立相应的目标责任制和考核体系，由经营管理部门和负责人签署相应的控制目标责任书。在成本控制过程中，经营管理部门负责对各个项目的成本进行分析，并结合确定的成本管理目标对成本使用情况进行评估，对于超出限度的费用及时向相应部门提醒调整。公司负责人根据目标责任书的规定，对事业部门及管理部门建设项目的成本管理指标的完成进行综合性性能评价。目标责任制与考核体系的建立，有助于在过程中形成有效的监督机制，实现精准化的造价管控。

2. 利用数据实施动态监控

换流站项目工程造价数据结构的组成多样化，造成了数据采集和分析难度大的问题，使得造价管控工作长期置于"大量数据无法应用"的尴尬局面。换流站项目工程造价数据仍然是一个个"信息孤岛"，阶段与阶段之间、工程与工程之间的价值流、信息流、数据流并未完全有效衔接，导致造价数据资源未能很好地指导造价管控，大量人力、物力、财力资源浪费。且静态控制存在一定的滞后性，对于换流站这种大型的工程项目，动态控制必不可少。

随着我国各高新技术产业的大力发展，施工工艺和技术水平的不断提升，高新信息技术支持下的造价管控方式已然成为施工单位的核心竞争力。如何采用数字化优化原有造价管控的方法，实现造价精准管控与信息技术相结合，成为换流站项目各参与方亟待解决的问题。施工承包企业应依托于建设单位搭建的数字平台，选用合适的数据挖掘方法对造价数据进行挖掘及分析，从而实现施工过程中造价和工期的动态匹配。

3. 健全企业分包选择制度

施工承包企业分包成本的控制，重点集中在分包执行上，即对分包工作的管理。目前存在的问题是缺少有效的选取分包队伍的方法。这是由电网行业自身的特殊性导致的，由于电网建设的特殊地位，国家对于电网分包队伍有着严格的要求，导致各地区内符合要求的分包队伍数量不多。企业能够选择的空间小，因此分包成本高。面对高昂的分包成本，施工承包企业应当在如何合理选择分包队伍上寻找突破口。

首先，施工企业在项目分包队伍选择时，优先选择与公司有长期合作的、信用好、主动配合项目部工作的专业劳务施工队；其次，若部分专业分包队伍与公司无长久合作关系，项目在选择时将在其余项目部中合作过的专业劳务施工队中选择，这样对其施工的项目质量、价格等方面参照价值较高；最后，项目在对技术水平质量要求不高的像土方开挖等专项分包时，应综合考虑各方面要素，也可优先选择当地实力较强的机械租借公司，这样在其报价、质量、施工能力和经验等方面的选择性更宽泛。

2.2.3　政府相关部门造价需求分析

1. 积极履行造价监管职能

换流站项目的投资控制涉及众多政府职能部门，其投资决策体系、造价监管制度有待完善。在电力工程项目实施前期，工程造价管理的存在的最大问题就是"重施工，轻设计"，造价管控职能部门对于换流站这类专业集成度较高且建设时间紧迫的项目缺乏预见能力，使得立项时方案决策与投资估算不够详尽深入，存在对项目造价分析评估不合理的问题，造成项目投资决策效率低下，在建设后期发现设计考虑不周，工程部分功能不能满足使用要求，最终迫使项目变更，后期项目建设费用陡增。项目中期，职能部门对造价监管的疏忽、遗漏，导致施工企业产生投机行为，在利益驱动下"先斩后奏"故意提出工程变更，提高工程结算造价，致使变更成为事实，相关政府职能部门对工程投资控制十分被动。项目后期，工程结算既是造价管控的工作内容，又在一定程度上反映工程造价管控效果。换流站项目施工现场普遍现状管理混乱，加之缺乏基础资料，电力施工企业可利用计算漏洞额外增加工程量，实现结算投资虚增。

当前政府职能部门应完善电力工程项目投资决策机制，落实造价监管工作。一方面，职能部门需要重视项目前期施工准备的各项工作，优化投资决策作用机制，从源头把控投资；另一方面，基于投资决策机制，进一步发挥政府职能，严格落实项目审批流程，积极参与造价监督管理工作，实现资金最优化配置。

2. 发挥宏观调控作用

电力工程项目是关系着国家经济命脉的基础性设施工程，其工程的建设在国家经济发展中起着重要的支撑作用。政府进行造价精准管控的需求主要有以下两点原因：

第一，目前我国电力工程项目各环节中，输电配电等技术要求较高，同时电力工程项目的建设对资金的需求极高，普遍需要政府出资才能完成生产前期的基础设施建设工程。这在一定程度上显现出电力工程的自然垄断属性，当投资主体为政府时，建设单位会弱化对资金的管控，造成一定程度的投资失控。因此，政府需要强化投资能力，发挥宏观调控作用，帮助企业建立造价管控意识，避免自身陷入投资陷阱。

第二，引导行业发展，促进企业成长，政府是二者紧密联系的桥梁。

一方面，换流站项目造价精准管控是适应电力行业市场化改革的需要。随着电力行业市场化趋势的增强，其垄断性在不断减弱，竞争逐渐加强。用户对电力商品的多样化需求也要求电力市场分工趋向细化，因此政府需要加强市场规制，通过改进市场准入标准来提高电力市场竞争程度。此外，相关职能部门还需制定合理的造价控制方法，同时基于项目特征和目标明确造价精准管控制度，推动电力行业良性发展。另一方面，落实建设项目造价精准管控，有利于提升电力企业生产、经营效率，优化政府定价。电力企业的营业利润通过终端销售电价与发电企业上网电价的差额扣除其基本运营成本得到。而销售电价和上网电价由政府统一制定，供电企业没有权利制定价格，即电价具有刚性，政府提出精准造价管控理念也能为电力企业创造更多盈利空间。

2.3 工程造价精准管控的提出

2.3.1 精准管控概述

1. 精准管控的概念

现代管理学将科学化管理理念分为三个层次，第一层次是规范化，第二层次是精准化，第三层次是个性化。日本企业于 20 世纪 50 年代最早提出精准化管理理念，作为科学化管理理念第二层次的精准化管理，是升级和深化一般管理方式的一种方法和理念。具体来说，就是通过规则的系统化和细化，运用程序化、标准化和数据化的手段，更加准确和高效地对项目目标进行分解、细化及落实，将管理责任具体落实到每一位工作者的身上，让企业规划能深入贯彻到工作的每个阶段，使组织管理各单位精确、高效、协同和持续运行，形成环环相扣的管理链，从而实现"组织结构专业化、工作方式标准化、管理制度化、员工职业化"。这体现了组织对管理的完美追求，是组织严谨、认真、精益求精思想的贯彻，是提高项目管理质量的有效途径。

2. 精准管控的特征

精准管控是对细节的一种管理，强调"精"与"准"，与粗放式管理不同，它是不断改进与完善的一种管理理念。精准管控有以下特点：

（1）强调数据化。科学管理就是尽力使每一个管理环节数据化，而数据化则是精准管控最重要的特征之一。有了数据化，则精准即其应有之义。数据化为精准管控带来了契机，数据赋能驱动企业在流程管控和责任落实等方面实现精准变革，体现出现代企业打造数据化精益生产优势。通过对数据的搜集、整理和分析，挖掘数据背后所隐藏的意义，可以快速准确地为决策者提供决策建议和依据，及时消除隐患，优化程序，提高生产效率与生产质量，提高管理的科学性与精确性，为企业创造更高效益。

（2）强调持续改进。任何事物都是在不断改进中完善的，是一个动态的发展过程，精准管控也是如此。精准管控是管理的深入与升华，但在企业特色管理中并不完善，还需要结合企业自身特点进行修改，因此需要持续改进。持续改进、持续创新是精准管理的关键与重点，在企业运行的每个环节中，管理需要不断改进与优化流程，以匹配企业各阶段的发展速度与特点。在保证质量的前提下，持续改进、精准管控才能尽可能降低生产与运营成本，提高工作与生产效率，不断挑战企业自身极限，挖掘更多增效潜力。

（3）强调以人为核心。"以人为本"是管理的核心，管理归根到底是对人的管理。管理的本质是利用有限的资源创造最大的效益，人才是企业发展的重要资源，但人的各种不确定性也是管理过程中很大的风险。精准管控不只是各层领导的事，更是全体员工共同努力才能够实现的目标。精准管控中对人的管理，即有针对性地安排每个员工在适合的岗位上发挥其最大的功效，挖掘其最大的潜力，在展现自己能力的岗位上积极工作，为企业创造更大的效益。

2.3.2　工程造价精准管控

1. 工程造价精准管控的概念

从业主角度看，工程造价精准管控是为业主更好地实现工程项目目标而主动实施的一种管理方法，寓于整个全过程造价管理之中，具体指在工程造价管理中，贯彻精准管控理念，以大数据技术为支撑，对建设项目全过程的业务流程、条线部门的职责关系等进行重塑或优化，提升现有造价管理过程中对造价预测、计划、控制、核算过程的精准程度，全面提高业主的工程投资效益。

从施工企业角度看，工程造价精准管控主要在发承包、施工和竣工验收阶段，其中，施工阶段是工程造价精准管控的重中之重。具体来说，施工企业的造价精准管控就是利用大数据技术，优化施工流程。通过对数据的动态监控，实现工期和造价的动态匹配，实现由粗放型管理向集约化管理，由传统经验型管理向科学化管理转变，确保工程造价管理落到细处和实处，全面提高施工企业的利润目标。

2. 工程造价精准管控的理念

（1）坚持"过程控制决定竣工结算，精准管理决定项目成败"的思路。将传统的事后算账逐渐改为事前有计划、事中算细账，实施主动控制，避免目标值与实际值的偏离，形成"全过程控制、精准化管理、重心前移"的新思想。

（2）树立全方位管理的理念。工程造价精准管控不仅是建设单位或者施工企业的任务，还应该是政府建设主管部门、行业协会、设计单位以及有关咨询机构的共同任务。尽管各方的地位、利益、角度等有所不同，但必须建立完善的协调工作机制，才能实现对工程造价的精准管控。

（3）树立全要素管理的理念，协调和平衡各要素关系。造价控制不仅是控制建设工程本身的造价成本，还应同时考虑工期成本、质量成本、安全与环保成本的控制，按照优先性原则，协调成本、工期、质量、安全、环保之间的对立统一关系。

（4）建立数据化思维方式，重视大数据技术在工程造价管理中的应用，用数据驱动工程造价精准管控。企业利用大数据技术收集建设过程中的数据，理性地对数据进行处理和分析。同时建立基础数据资料库、信息化管理平台，实现造价信息数据共享。

3. 工程造价精准管控的核心内容

综合上文有关精准管控、工程造价管理的相关研究内容进行分析，总结出工程造价精准管控的核心内容：

（1）提高工程造价管控能力。造价精准管控的实施，能有效改善其发展过程中存在的问题，具体可以从工程造价发展的确定以及控制两个层面进行分析，进一步使得管理流程划分在工程建设的各个环节中，并进行新型科学技术及解决方法的探究，对于工程造价进行高效性和科学性的把控，同时进行管理实施过程的不断创新和优化，在一定程度上促进工程造价具有精准化、标准化等特征，同时提升工程造价管理能力。

（2）细化工程造价管控范围。对于工程造价中进行精准管控的范围体现在建筑过程的每个环节，并不仅仅是单独性或者阶段性的，需要在工程设计、招投标、施工过程以及竣工验收等一系列阶段进行造价策划、合同变更、资金支付及信息内容的集成性管理。

（3）制定造价精准管控策略。在工程造价中实现精准管控主要是借助于数据化、信息化技术操作，这是由于电力工程造价具有阶段性以及动态性的特征，工程造价实施过程中涉及项目方案、材料尺寸、材料类型、合同变更等信息内容。提升工程造价精准管控水平，就是要保障造价前期初始化数据内容的准确性、对于数据进行高效性动态化的处理、及时维护数据信息内容，并且保证数据信息在工程造价各个环节可以共享。以此才能使得造价数据具有严谨性和科学性，有利于促进工程造价管理流程的高效运作，同时有利于工程项目管理层基于数据信息进行正确的决策。这就表明采用数据化、信息化科学技术，已经发展成为精准管控的必然选择。

（4）工程造价精准管控的实施思路。工程造价管控主要的思路表现为在精准管控的基础上，进行造价管理价值和效益最大化的实现，同时对于工程建设过程中的问题以及不足等进行充分分析以及探究，结合先进的科学技术等进行管理方法及流程的优化和完善，更好地进行工程造价管理，使之从之前的经验化过程转变为精准化、科学化的管理模式。

4. 工程造价精准管控的特征

（1）造价管控数据化。基于工程造价阶段性、动态性的特点，工程造价管理各阶段中会产生大量的有关项目方案、材料种类价格、合同条款、签证变更资料等的数据与信息。而提升造价管理的精准化程度，核心就是要保证准确创建造价相关初始数据信息、快速高效地处理动态变化的数据信息、及时维护整合数据信息、实现数据信息在项目各方的互用共享。只有基于精细严谨的造价数据信息，造价管理流程才能高效运转，管理者才能据此进行正确的决策与执行。因此使用先进的数据化、信息化技术，将成为解决工程造价精准管控的重要手段。

（2）造价管控标准化。科学合理的管理流程能够为企业实行工程造价精准管控提供良好的保证。在造价精准管控工作中，多数企业对员工进行管理流程方面的培训，使其自觉成为员工的职业习惯。其次，企业在成本预测、分解、核算、分析、反馈调整和考核等方面建立相关规范标准，使工程造价管理工作实现标准化，避免人为盲目的操作而导致的成本增加。

（3）造价管控动态化。工程造价精准管控活动贯穿企业经营管理的全过程，与传统管理的只注重事后成本核算，而忽视事前成本计划与事中成本控制相比，它旨在实施全过程动态控制，即从事前的成本计划、事中的成本差异分析、检查、纠正到事后的成本考核，最终实现事前、事中、事后三阶段动态化造价精准管控。

2.3.3　工程造价精准管控的需求来源

一方面，由于换流站项目施工过程中造价会产生诸多变动，例如，费率变化、电力机械设备选择变动、工资标准变化、工程施工原材料价格变动、工程施工设计方案变动等，这些变动导致工程造价控制不会是静止的、一次性的，而必须是动态过程。另一方面，得益于城市化与工业化的快速推进，工程造价的复杂性也是日益凸显。人们对于电力的需求愈加明显，促使电力设备大量增加、负载功率大幅提高、施工流程变得越来越复杂，工程造价控制工作涉及面愈加广泛，工程项目建设从项目开始决策到竣工验收直到投入电网使用的整个建设周期耗时更长。因此，换流站项目在建设周期内工程造价受到来自各方面的可控或不可控因素的影响也随之增加，且诸多管理事项如设计变更、合同价格、电力设备变更、外界自然条件等的改变，都会影响到最终工程造价的确定。基于以上内容，从项目自身角度出发，实现换流站项目精准化造价管控有着内在的必要性。

从政策（行业）层面而言，实现精准化造价管控同样也是未来我国换流站项目造价管理的发展方向。如《国网基建部关于进一步加强输变电工程造价精准管控的意见》指出，输变电工程造价管理需要工程建设全过程、各环节全面推行程序精准、指标精准、术语精准、依据精准、资料精准、造价管理认识精准、现场管控精准、审核把关精准，从而实现结算精准率100％的目标。依据传统的造价管理模式，不可能每一个环节都进行同等力度的造价控制，所以要依据工程特点并利用更加科学的管控模式和手段，选择造价管控的重点环节，科学、合理、高效地进行造价的控制工作，这就为换流站工程项目精准化造价管控模式的提出奠定了现实基础。

第3章
换流站项目工程造价精准管控研究框架

3.1 换流站项目工程造价精准管控体系构建分析

3.1.1 换流站项目工程造价精准管控的目标与关键

1. 实现换流站项目精准化造价管控的目标

(1) 更高的市场化程度。精准化造价管控是一种以最大限度地减少管理所占用的资源和降低管理成本为主要目标的管理方式。精准化造价管控是业主用来调整项目进度、质量和成本的技术方法，主要是指项目在专业化、系统化的保证下，以数据化为标准、信息化为手段，实现资源的优化配置，从而在质的方面全面提升项目。因此，实现精准化造价管控离不开业主导向，而要准确把握业主需求方向首先要摸清市场动向。

对于换流站项目工程造价管理而言，由于过度依赖定额组价且定额编制周期滞后于市场新技术迭代更新速度、信息价偏离市场行情等多方面原因，"企业自主报价，竞争形成价格"的市场机制尚未有效形成。经过调研分析，多数换流站项目造价管控仍较为粗放，利润水平较低，管控效率较差，整体的创新动力不足，使得造价形成不够科学，过度依赖政府指导的定额计价，将"市场"这个核心要素从造价管理中割裂开来，未能将市场对工程造价的影响充分、合理、定量的体现出来。因此，要实现换流站项目精准化造价管控就必须提高造价的市场化水平。

(2) 更先进的数字化水平。2022年初，南方电网发布了《南方电网公司"十四五"数字化规划》（以下简称《规划》），根据《规划》，"十四五"期间南方电网数字化规划总投资估算资金超260亿元，进一步把数字技术作为核心生产力，数据作为关键生产要素，按照"巩固、完善、提升、发展"的总体策略推进数字化转型及数字电网建设可持续发展，推动电网向安全、可靠、绿色、高效、智能转型升级。到2025年，在数字电网智能化程度、数字运营效率、客户优质服务水平、数字产业成效、中台运营能力、技术底座支撑能力、数据要素化价值化、网络安全防护及运维水平八个方面实现全面领先，全面建成数字电网，重点领域达到世界一流水平，成为数字化转型标杆企业。当前，南方电网已制定并发布了云计算、物联网、大数据、移动应用、人工智能等专项规划，完成了数字化转型和数字电网建设的顶层设计。

换流站项目精准化造价管控就是要用量化的标准取代笼统、模糊的管理要求，把抽象的目标转化为具体的要求，同时以精细操作和管理为基本特征，控制企业滴漏、强化链接、协作管理，从而提高项目建设的效率。粗放式的管理大多只看重整体，忽视细节，而精准化造价管控的"精"和"准"弥补了粗放式管理忽略的细节。由此，为了解决随换流站项目建设的海量信息一同到来的信息搜集渠道零乱、信息种类发布不全、信息滞后等问题，实现信息发布平台统一，实时数据的实时更新、互通共享，充分体现市场的竞争性和时效性，就需要强有力且更先进的数字化水平。

（3）更完善的权责体系。在现行体制下，换流站项目工程造价采取分段管理模式，工程建设各阶段、各环节的工程造价归属不同的主管部门管控，管理尚未形成联动，权责体系落实水平较低，仅仅是以保障结算金额不超总投资的粗放方式进行造价控制，因此不能全过程有效联动控制工程造价，也缺乏以目标成本为导向进行限额设计、策划招标、分担风险、严格履约的机制体制，进而容易造成换流站项目投资风险失控、结算难等诸多风险。其中一大原因是建筑工程造价预结算审核工作的权责划分以及流程制定尚未明确。由于部分建筑工程造价预结算审核工作存在随意性等问题，难以发挥建筑工程造价预结算审核工作的真实效用。

因此，为实现造价的精准化管控，需要将项目各方的权利与义务进行明确的划分，建立更加清晰、完善的权责体系，方便问题发生时能够直接找到第一责任人的同时，也可以实现对项目各参与方形成的良性约束力，间接提升建设单位工作人员的责任意识，从而规范工作人员的工作行为、工作流程及工作方法，促使换流站项目能够更好地实现造价精准管控。

2. 施工阶段是工程造价精准管控的关键

电力工程项目的造价管控工作，贯穿于工程项目建设实施的全过程，基于不同阶段的特点采取相应措施。换流站区别于其他电力基建项目，具有体量大、周期短、技术要求高等特点，使其施工阶段的造价管控问题更为突出，这也为换流站工程造价精准管控提供了新的切入点。

一方面，在项目施工阶段集成了劳动力、材料、机械设备等大量资源，利用精准管控可以对资源进行优化，最大化降低施工消耗；另一方面，施工阶段参与方众多，不同参与方对项目造价管控的要求和侧重点不同，很容易出现分歧，这就导致项目造价管理变得不易掌控。工程造价精准管控要求进一步明晰各方责权边界，实现电力企业管理手段创新，提升项目整体经济效益，帮助企业提升核心竞争力。

3.1.2 数字技术赋能换流站工程造价精准管控的实施路径

1. 流程层面

围绕换流站项目全流程的造价数据信息共享需求，运用数字技术加快实现项目数字化，充分发挥大数据等技术在项目造价管控工作各阶段之间的数据共享、数据分析、管控等方面的重要作用。

以流程为主线，采取建设单位主导、造价咨询企业和各参建单位参与的方式，搭建多方协同、全面覆盖、造价指标齐全、动态监测的全流程工程造价监控平台，加快实现造价数据信息共享；另外，将数字技术广泛应用于项目全流程的信息共享、协同合作、关键节点等方面，形成从主体管控前端到末端全流程的造价管控网络，使项目造价信息快速、精准、可信地反馈给网络内实施造价管理的部门和工作人员。

利用数字化技术记录换流站项目全流程的造价浮动趋势并及时反馈信息，便于造价管理部门预判换流站工程造价管理工作的关键控制点，从而不断降低工程项目建设成本，提高各主体间互动效率。数字化技术有效支撑工程造价管控工作,以数字技术的应用创新提升造价精准管控效能,实现换流站项目工程造价管控工作的重大突破。

2. 权责层面

换流站项目管理方式数字化有助于发现工程造价管控的工作盲点。在数字化理念下,不同单位跨越层级、部门等界别限制,通过联动协作共同参与造价管控,实现资金利用的合理化。传统造价管理方式效率低、难度大,难以适应项目数字化发展的新需求,通过信息化手段畅通沟通渠道、减少项目成本,构建多元主体跨部门协商、协调管理是实现造价精准管控工作的基础。

由于换流站项目各部门之间的基础设施、业务数据系统等处于碎片化状态,并且缺乏标准统一的造价数据结构和数据接口,信息"孤岛"、数据"烟囱"等情况成为造价精准管控的阻碍。因此,不同部门、不同层级的造价数据要想实现造价数据的统一调配和有机整合,亟须数字技术的辅助。

数字技术赋能造价管控的权利与责任的划分:在确保造价数据质量的前提下,坚持将项目数字化发展作为造价精准管控的支撑,运用数字技术连通项目各参建单位、各业务线条,用最小的代价获取准确、及时、全面的造价数据;建立责、权、利清晰可靠的造价管控业务链,利用"数据+算法",驱动换流站工程造价精准管控工作,为建设单位、施工单位提供决策方向,强化企业对项目资金的掌控力,提升企业业务拓展能力,强化项目的资金利用率。

3. 技术层面

造价精准管控技术升级,需建立健全数字技术支撑精准管控的物质基础和制度保障。数字化技术已然成为工程造价精准管控的重要支撑。换流站项目造价管理的体系建设需要有效整合项目全面造价信息资源,动员各方力量协助,促进管控技术和方式的智能化升级。

一是扎实推进工程项目信息基础设施建设。充分发挥"数字新基建"的核心设施和基础平台作用,推进工程造价管控模式朝向数字化发展。收集过往换流站项目与在建项目的造价信息,为造价大数据采集、使用和管理工作立法立规,使数据标准化、规范化,进一步明确造价数据采集、储存、传输、公开和使用的流程和原则,加强对造价数据的监管,针对项目特征与建设需求,制定严格规范的造价管控办法,实现造价管理的精准化、数字化。

二是加快形成造价精准管控的数字化框架。坚持工程项目数字化的转型方向,科学利用各类技术手段,尽快健全数字技术支撑造价精准管控的理论框架、技术准则和管控标准,完善造价管理机制,加快构建与项目数字化发展相匹配的、有利于数字技术精准导向的造价管控应用框架。

3.1.3　换流站项目工程造价精准管控体系构建

基于前文对换流站项目工程造价管控现状、需求等分析,本章围绕换流站项目工程造价管控的实际情况,为解决传统造价"粗放式"管理带来的问题,基于"权责线—流程线—数据线"构建出"三线并行"模式的换流站施工阶段工程造价精准管控研究框架,如图 3.1 所示。

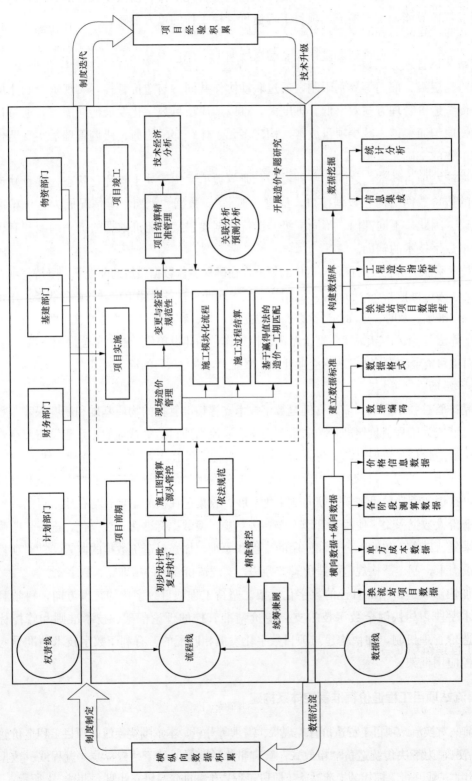

图 3.1 换流站工程造价精准管控研究架构体系

以流程线为核心，建立换流站项目工程实施前中后的关系，同时聚焦于项目实施阶段，以现场造价管理和变更签证为研究点，通过制度支撑、技术支持的手段实现造价精准管控。一方面，建立明确的权责划分制度，以此实现设计部门、财务部门、基建部门、物资部门的全面管理，为造价精准管控建立制度层面的支撑；另一方面，通过数据技术，提取并探索工程造价数据价值，利用数据挖掘技术开展换流站项目施工阶段造价专题研究，将关联分析与预测分析方法应用于现场造价管理等，对工程造价数据的协同、预测分析，为造价精准管控建立技术层面的支持。

基于"三线并行"的工程造价精准管控模式，通过数据沉淀、积累横纵向数据，为权责制度的制定提供服务；通过制度的迭代和现场项目造价管控的经验积累，解决技术盲区，实现技术升级，最终构建"数据—制度"闭环，实现换流站工程造价精准管控模式的创新。

3.2　以项目流程为基础的造价精准管控体系

3.2.1　项目流程主导的造价精准管控内容

根据换流站项目的阶段性特点，可以将一个换流站项目全过程的造价管理分解成各阶段的造价管理，主要包括决策与可行性研究阶段、设计阶段、招投标阶段、施工阶段和竣工验收阶段，各阶段又由具体活动组成。各项具体活动所消耗和占用的资源数量不同，这是由于活动形式有所差异，其中一个或几个活动的造价控制不当，会引起整个工程造价出现偏差。一个换流站项目的造价由各个具体活动对资源的消耗量组成。各项具体活动的造价并不相同，因为活动过程所采取的作业方式及产生的效果并不一致。

针对换流站工程项目来说，其在项目施工阶段集成了劳动力、材料、机械设备等大量资源，相比项目实施前后期，实施过程中对资源的消耗量巨大，对投资金额的影响效果最为明显；另外，项目施工阶段是参与方最多、需要协调问题最多的环节，不同的参与方对项目造价管控的要求和侧重点不同，很容易因分歧导致造价管理变得不易掌控。因此，实现换流站项目工程造价精准管控，必须以施工阶段为核心，从施工活动各个子过程入手，将科学的造价精准管控方法应用于施工阶段具体活动中，来实现对整个换流站工程项目的造价精准管控工作。结合以上分析，明确换流站项目施工阶段造价精准管控活动内容，如图 3.2 所示。

3.2.2　工程造价精准管控的方法分析

1. 换流站施工阶段造价管控模型

通过建立换流站项目工程造价管控模型，明确施工活动造价确定方法的作用是通过对数据的整理、分析，最终确定工程项目的造价。模型的确定需要对工程进行层次分析，首先明确所要确定造价的精度和种类，然后收集相应精度的项目活动与过程信息。由于整个工程项目由各项具体活动组成，需要计算其占用或消耗的资源量，由此得出各项具体活动的造价，最后汇总得到项目的整体造价。模型如图 3.3 所示。

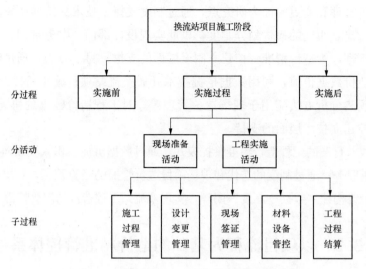

图 3.2　换流站项目工程造价管控内容分析

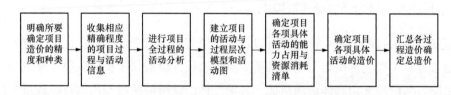

图 3.3　基于施工活动分析的换流站工程造价管控模型

2. 换流站施工阶段造价管控方法

基于施工过程的换流站项目造价控制方法主要针对项目建设的过程，包括施工过程、施工活动，甚至是施工活动的具体子过程。这一方法由两部分组成，分别是基于过程的造价控制方法模型和一系列的具体控制方法。基于过程的造价管理控制作业不是一次性的，它是不断循环和持续改善的一种动态造价控制过程，包括全过程和每个具体活动过程。

施工过程中的工程造价管控方式应该是一种动态造价控制方法，表现为施工过程的造价控制与循环往复，其原理如图 3.4 所示。

首先，实现换流站项目施工阶段工程造价控制与循环流程，需要明确控制的项目过程包括所要控制的过程的层次及其包含的主要内容，同时对过程深入分析。项目的实施过程由多个阶段组成，各阶段活动会消耗对应的资源，将资源量化并计算价格，输出的结果就是相应阶段的造价。因此对于换流站项目造价管理与控制，必须从具体活动及其方法着手，对于不必要的活动应尽量消除，减少资源浪费及无故占用，并且不断优化具体活动的造价控制方法，从而有效管理和控制全过程的造价；对控制的过程开展深入的活动分析，主要针对具体过程，但并非具体过程的确定，而是针对已开始但未完全结束的具体过程，根据已完成的部分工作，对将要开始的具体过程进行的分析，以保证资源有效利用。

其次，确定必要的具体活动，并对活动方法进行科学性分析。换流站项目的外界环境

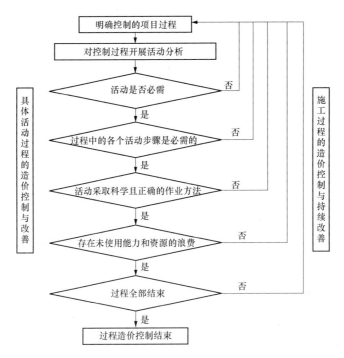

图 3.4 基于施工过程的换流站工程造价管控

处于一个动态变化的过程，项目需要适应环境的变化，通过消除不必要的活动，防止资源的消耗和无故占用；另外，外界环境的变化对工程实施方式提出了新的要求，现行的施工方法可能无法满足需求。还需要对方法是否改进做出判断，遵循上述流程才能对工程造价实现合理管控。

最后，实现造价管控过程的循环。基于施工过程的造价管理无法一次完成，随着外界条件的变化，需要进行不断循环，包括每个具体活动过程，及时对出现的问题进行改进。只有这样才能真正实现对工程项目造价的动态控制，保证最终实现精准的造价管控。

3.2.3 换流站施工阶段造价精准管控思路

1. 项目流程形成权责划分的支撑

通过明确项目流程的具体实施内容，可以保证岗位的权责明确，造价管控的工作界面清晰，提高管控效能。

以流程为基础，为权责划分提供必要支撑。权责划分的方法是换流站项目工程造价管控中各参与方进行统筹管理的首要环节，此方法可以为换流站项目工程造价精准管控的实现提供相应的制度保障。在实际项目中，通过出台一系列相关规范，对换流站项目各单位进行明确的权责划分，这有效改善了相关部门在具体的监管权力及职责方面存在的定位不清问题，极大程度上避免了施工阶段中多头管理、责任交叉等现象的出现。权责边界的划分，是造价精准管控工作的全面落实的强力保障，为最终达到既定的造价管理目标，实现造价精准管控提供帮助。随着换流站项目流程的不断优化，造价精准管控使整个建设过程不断完善，造价管控的效果不断优化。

2. 项目流程成为技术融入的载体

换流站项目工程造价数据结构复杂，并且数据在工程建设各阶段差异性大、数据时效性强，数据采集和数据分析难度大。以项目流程为载体，将数据技术融入各阶段，能实现造价管控工作在项目阶段与阶段之间、工程与工程之间的价值流、信息流、数据流有效衔接。

项目的全流程包含项目实施前期、实施中期、实施后期三个阶段。将数字技术与项目各阶段的造价管控工作相匹配，充分发挥项目流程的载体作用，选择合理的造价数据分析方法，提高造价管控工作的精准化。

数字分析融入项目前期。通过收集与整理换流站工程建设造价的横向数据与纵向数据，依托项目造价分析、结算审查等管理工作的开展，对若干个样本工程实现了造价数据有效集成与整合，搭建了基于现代信息处理技术的换流站工程造价数据信息库，为科学开展换流站造价精准管控提供战略指导。

数字技术融入换流站工程造价管控过程中。技术的合理性和精确性保证了施工过程中施工流程的科学性和造价的准确性，判断数据分析模拟预测施工方法是否符合常理，是否有必要保留或剔除，进一步挖掘出现场造价管控中存在的问题，这有助于造价管控工作的合理规划和实施计划，从而提高换流站项目经济效益。

依托项目流程形成技术与管控工作的结合。通过引入全流程造价管控理论体系，能够对换流站项目工程造价精准管控影响因素进行全面、动态的识别分析，并进一步结合先进的理论方法进行了因素度量分析，这有助于分析管控影响因素的控制策略，进一步实现造价管控的精准化。

3.3 跨部门协同化造价精准管控体系

换流站项目建设中涉及的利益主体有政府主管部门、业主、勘察设计单位、承包方、施工单位、监理咨询单位等，各方主体在换流站项目造价精准管控过程中都有各自的地位和职责。为了使不同主体能够统一在一起，保证利益一致、行动及时、沟通有效，就必须以一种不同于过去的团队合作模式进行造价精准管控，依托大数据建立健全换流站项目跨部门协同工作机制，这样才能更好地提升换流站项目的跨部门造价精准管控水平。

3.3.1 跨部门协同工作关系的建立

首先，形成协同工作关系最关键的一步是要确定在换流站项目工程造价精准管控过程中的各方主体是否愿意建立协同工作关系。通常情况下，由业主提出并在换流站项目决策与可行性研究阶段或设计阶段展开。建立协同工作关系，统一各方主体的认识非常重要。基于换流站项目建立跨部门造价精准管控协同工作机制，必须取得换流站项目各方参建主体上层管理者的支持，同时，也应将未来可能损害协同工作关系的主体包括在内。

在多数情况下，造价精准管控协同工作的实施需要有协同工作促进人作为整个协同关系的中心，以处理协同工作关系中各方主体之间的相关事宜。协同工作促进人可以由业主在协同工作讨论会之前选取代表担任，也可以采用轮流担任的方式，使得各方主体都能体会到在换流站项目造价精准管控过程中协同工作的重要性和难点。其主要职责包括造价精准管控协同工作管理方面的培训，指导建立协同工作组，拟定协同工作协议，准备并主持协同工作讨论会，指导各方主体建立并完善造价精准管控协同工作机制等。

为了保证换流站造价项目精准管控协同工作落到实处，各方主体需要派出人员组成一个临时共同体——协同工作组。各方主体应保证参加协同工作组的主要成员有权代表其对工程造价精准管控相关事项进行商议和决定，同时还要具有工程造价管理相关知识和管理能力，能够及时、高效地提供各种特定信息。换流站项目的协同工作组可设协议、沟通、冲突处理、评价等若干工作小组。协同工作组成立之后，要明确工作组的组织结构以及各成员在造价精准管控过程中的职责，是实现换流站工程跨部门造价精准管控的重要组织保证。

3.3.2　跨部门协同工作的实施

为了有效地实施换流站项目工程造价精准管控协同工作，需要做好以下方面工作：

首先，在工程实施前应及时召开首次协同工作讨论会，各方主体应集中精力进行策划，拟定目标陈述、沟通程序、冲突处理等文件，主要内容包括：理解造价精准管控跨部门协同工作的意义及工作进程；讨论协同工作成员各自对造价精准管控的期望和要求；建立协同工作成员间的信任与协同关系；制定并签署协同工作的主体文件；培训协同工作成员的沟通技巧、冲突与争议解决办法；计划安排下次协同工作讨论会的内容与时间等。随后，各方参建主体应共同签署协同工作协议，协议主要包括换流站项目工程造价精准管控共同目标、行动要求、变更管理，还可以包括取得成功的关键要素、造价精准管控里程碑和奖励办法等。

其次，应依托大数据建立合理有效的造价精准管控协同工作实施保障机制。借助数据通信技术，促进各方主体之间信息沟通和实时交流，激发各部门人员的工作热情和主观能动性，推动跨部门高效合作。同时，利用任务资源的数据化与模型化增强造价人员工作绩效的实时可测性。任务数据的开放透明打破了自上而下的线性工作流程，各部门工作人员根据任务要求跨部门即兴合作成为现实，促使造价工作执行的精准度得到充分保障。

最后，在建设过程中也应按时开展定期协同工作讨论会，各方主体应相互信任、积极沟通，尽量避免屡次出现冲突，会议内容包括：各方参会代表对前一阶段工程造价精准管控协同工作进行汇报；各方围绕前期制定好的造价精准管控目标，协商解决好各阶段出现的问题，并提出下一阶段工作目标；协同工作促进人可以定期协同工作讨论会上进行绩效评价等。同时，协同工作促进人必须安排人员做好会议记录，记录协同工作各方代表的会上发言，作为会议纪要保存。

3.3.3　跨部门协同工作绩效评价

当跨部门协同工作实施一段时间后，应定期或不定期地进行绩效评价，重点是评价换流站项目工程造价精准管控协同工作中各方主体的管理效率和水平。进行造价精准管控跨部门协同工作绩效评价时，评价的内容主要包括以下三个方面：

1. 制度措施

制度措施主要评价的是跨部门协同工作各主体的组织边界、组织措施安排、冲突处理机制、考核制度、工作范围界定等方面的状态。

2. 管理实践

管理实践主要评价的是在换流站工程造价精准管控协同工作过程中共同目标的促进水平、协同工作各主体之间沟通平台的信息化程度、各主体人员的工程造价管理水平和关系密切度等状态。

3. 实施力度

实施力度主要评价的是工程造价精准管控问题回馈速度、问题处理灵活性、各方主体的交流效率、建设性意见的提出比例、资源共享程度等方面的状态。公正客观的绩效评价，加上适当的激励措施，能够有效地激发协同工作成员的工作积极性，有利于实现换流站项目工程造价精准管控。

3.4　数据信息化造价精准管控体系构建

3.4.1　全信息管理组织体系

1. 机构设置

在现有的信息管理模式下，从各相关部门抽调人员组建工程造价全信息管理团队或部门，从换流站项目启动开始全面负责工程造价的信息化管理。在机构建设中，不断加强各部门之间的沟通，努力构建现代信息管理平台，防止由于各部门沟通不畅导致的"信息孤岛"现象的发生，对整个机构形成闭环管理。

2. 人员培训

工程全信息造价管理作为一种与以往不同的管理手段，不仅要求从思想上改变人们的习惯性认知，更要求从固有的管理方法上改变。但是，必须要清楚的是，任何一种新的理论和技术，在实践中应用的时候，都需经历一个过程。因此，在应用全信息造价管理的时候，必须循序渐进地进行，将理论推广与人员培训充分结合，注重对人员的培养。这个培养不单单指的是技术层面的培养，还包括管理层面的培养，努力打造一支技术过硬、思想超前的优秀团队。

3.4.2　数据收集、处理、存储与发布系统

根据换流站项目工程造价分析工作的需要，首先需要建立一个数据覆盖面广、数据内容较为完善的换流站项目工程造价分析基础数据库和信息发布系统，其主要包括以下几个部分：

1. 动态价格信息采集、处理与发布系统

该模块主要包括价格采集、数据处理、信息发布 3 个环节。利用互联网快速、广泛、便捷的特点则可以有效地提高动态价格信息的准确性和时效性。在价格采集环节，尽量通过互联网直接上传，快速提交，缩短采集周期。在数据处理环节，可根据相关理论建立数学模型，进而开发专用的动态价格数据统计与处理软件。在信息发布环节，也应尽量采取网上发布的方式，使用者同样也采用上网方式查询数据。这样价格信息才能够及时、准确地反映动态的、实时变化的市场信息，以更好地控制工程造价。

2. 数据收集存储中心

换流站项目的造价具有覆盖面广、实践性强的特点，因此经验和资料的积累非常重要。该系统首先要求收集和存储工程相关的价格、生产、作业基本数据以及各类资源数据（包括人力资源、设备资产等）。上述的历史资料经过一定技术处理、压缩打包、格式转换等，再拷入数据库长期保存，供各方查阅。具备条件的还可据此对市场的走势做动态分析和预测。其次，通过收集与整理历史同类换流站项目工程建设造价数据，依托公司造价分析、结算审查等管理工作的开展，对多个样本工程实现了造价数据有效集成与整合，搭建了基于现代信息处理技术的换流站项目工程造价数据信息库，为科学开展换流站项目工程造价数据挖掘与知识应用提供了良好的平台。

3. 造价依据资料库

该资料库应包括工程造价方面的国家定额、地方定额、专业定额及现行《建设工程工程量清单计价规范》，各行业配套的定额、标准、规范等计价依据资料，以及工程造价管理的相关政策、文件资料。

3.4.3　数据挖掘与分析平台

在建立数据收集、处理、存储与发布系统基础上，利用先进的数据挖掘技术挖掘数据价值。数据挖掘工作一般情况下会经历三个阶段，即数据的准备阶段、挖掘阶段和分析评价阶段。

在数据挖掘的准备阶段，系统需要在庞大的换流站项目数据库中，寻找目标数据集。随之，要消除数据干扰、完善数据、剔除无效或者重复的数据，进行数据集分组分类等工作。数据挖掘阶段，需先对所得的换流站项目工程造价数据加以分析，了解数据的功能类型与显著特征后，选择合适的数据挖掘计算法完成数据的计算处理，如人工网络神经、决策树、遗传算法、变化和偏差分析等，最终挖掘出换流站造价数据的潜在价值，将所得结

果转化成能为建设企业造价精准管控提供理论基础的知识信息。

3.4.4　数据分析与评价的集成化处理

1. 分析评价系统

工程建设完成后并不等于工程项目的完结，除了将其数据资料存储入库后，还需对工程进行系统全面的分析与评价，找到其成功与不足之处，分析造价变动的具体原因，以便改善后续工程项目的造价管理工作，促进工程造价问责体制的建立。

2. 典型工程数据库

结合已经建设完成的换流站项目工程造价分析管理工作，以先进的造价分析理论与方法、造价评价理论与实践为基础，构建智能的造价分析与评价模型库，进一步提出了较为全面的造价分析与评价内容体系。

第4章
换流站施工阶段工程造价精准管控责任体系

4.1 换流站施工阶段工程造价精准管控责任体系概述

4.1.1 构建背景

2019 年，南方电网确定了向数字电网运营商、能源产业价值链整合商、能源生态系统服务商转型的战略取向后，将数字化转型作为战略转型的主要路径，成立数字电网建设领导小组并印发了《数字化转型和数字电网建设行动方案》，明确了公司数字化转型的目标和方向，率先建立"数字电网"，通过实现包括造价管理在内全过程管理规范化、精准化、数字化管控，加快电网建设工作的数字化转型，全面提升公司管理质效。另一方面，随着国网基建部《关于进一步加强输变电工程造价精准管控的意见》的出台，输变电工程造价管理需要工程建设全过程、全要素的精准化管理体系已逐渐成为行业共识。而根据精准化管理的内在要求，造价管理不仅需要根据项目造价的实际情况对有关部门员工进行管理，更重要的是通过加快项目内部规则制度的构建将责任落到实处，实现对造价风险的提前预判，利用科学灵活的对策为各项造价管理工作的顺利落实提供保证。因此，为实现造价的精准化管控，一套清晰、完善的精准化造价管理体系至关重要。

聚焦换流站项目的建设，虽然造价管控工作贯穿于项目建设的全过程，但施工阶段造价管理难度与复杂程度最高，管控的成效对项目整体造价影响程度也最大，是参与方最多也是所有阶段中资金投入最多、需要协调问题最多的阶段，也是换流站建设过程中的最极具代表性的阶段。一方面，各参与方对施工阶段造价管控的目标和侧重点不同，使得造价管理人员不易精准管控施工阶段造价。另一方面，在现行体制下，我国电力工程项目施工阶段权责落实水平较低，缺乏以造价管理为导向的风险分担、严格履约的责任体系，容易造成投资风险失控、过程结算困难等诸多问题，难以全过程有效的联动控制项目造价。

综上，要想实现换流站项目造价的精准化管控，构建施工阶段造价管控责任体系是基础亦是关键。

4.1.2 构建原则

施工阶段造价管控责任体系主要目的是通过在施工阶段构建全方位、全流程、全员参与的造价精准管控责任体系，解决施工阶段项目各责任主体之间的沟通与协调问题，促进各方造价管理责任的精准分配和严格落实，实现各参与方权责利的有机结合，提高施工风险的适应与应对能力，避免项目造价风险发生，保证施工阶段造价精准管控目标最终实现，提升换流站项目施工阶段造价管理水平。

基于上文所述，精准管控责任体系构建要遵循以下四项基本原则，即权责利相结合原则、全过程原则、全员参与原则和持续改进原则，这四大原则环环相扣，相辅相成。

1. 权责利相结合原则

权责利相结合原则是实现换流站项目造价精准管控的关键。需要在明确施工阶段各参与方造价管控职责的基础上，以权责利三者对等统一为基本准则构建换流站项目造价精准管控责任体系。包括对施工阶段项目各参与方开展以阶段造价管控成果为标准的定期性考核工作，采用科学合理的激励或惩罚举措将绩效考核结果、薪酬福利待遇等和造价管控成果进行有效关联。切实保障各责任主体权责利三者的有机结合，保障施工阶段造价精准管控工作的全面落实。

2. 全过程原则

实现全过程的管控是施工阶段换流站项目实现造价精准管控责任体系的必然要求。造价管控工作存在时空延续性，设计阶段造价管控措施实施的效果会影响施工阶段，进而对竣工及运维阶段的造价产生影响，因此针对造价的管控不能忽视任何阶段。造价管控工作应全面把控各关键施工环节和施工风险要素，分解各项工作的造价控制任务，并进行有针对性的分析、把握和控制，实现人力资源、技术资源、经济资源的最优化配置。

3. 全员参与原则

换流站项目施工周期长，施工工艺复杂程度高，造价责任涉及各参与方，责任分担到所有基层单位甚至是每一个项目参与方身上。因此，换流站造价管控工作要想在施工阶段妥善地落实责任体系，就必须贯彻落实全员参与原则。将责任意识和责任共担理念深入所有施工人员的思想中，落实到项目建设的各施工流程，构建全员参与、全员共建的换流站施工阶段造价精准管控责任体系。

4. 持续改进原则

持续改进是造价精准管控效果强度的保证。通过持续改进造价管理制度和工作流程来逐步完善精准化管理也是造价精准管控进一步发展的必然要求。倘若管理制度和工作流程一成不变，就无法适应事物的不断发展，进而影响管理和工作的效果。因此，造价精准化管控必须以持续改进为基本原则，与时俱进，加大责任体系的改革力度，不断创新和改善传统陈旧的管理方法，并探索出与施工阶段造价管控特点高度契合的造价管控模式，总结并落实造价精准管控的新思路和新方法，促使造价精准管控责任体系更好地与施工阶段相贴合，保证造价管理工作长期高效稳定运作并取得显著的造价管控成果。

4.1.3 构建目标

换流站造价精准管控责任体系的构建目标是指需要实现"高效、精简、分工明确、指挥统一、有效幅度、沟通顺畅"等，具体可以将构建目标分为以下四类。

1. 促进管理协同性

（1）保障管理目标协同。由于换流站项目涉及人员多、施工周期长、施工工艺复杂等特点，造价管控工作的复杂性程度较高，使得造价管控过程中各责任主体与造价目标之间存在一定的独立性。但未经协调统一的造价管控目标在施工过程中很难取得成效，因此换流站施工阶段的造价精准管控责任体系目标的确立要基于对项目本身的质量、成本和进度进行全方位的考量，协调并促进施工阶段各参与方造价管控目标的对立统一，保障施工阶段造价管控目标落实的整体性，从而促进项目层整体造价管控目标的实现。

（2）促进管理过程优化。造价管理贯穿施工准备、设备安装、电缆敷设等各施工阶段，因此造价管理过程必须做好各施工阶段的协同。协调各个造价管理阶段之间的关系，综合考虑项目建设周期与造价管控目标，明确项目建设期间各施工流程间的制约关系，保证项目施工过程中前后阶段的紧密衔接，各参与方之间的沟通渠道畅通、消除冗余的管理过程，促进管理过程高度协同，不断提高施工阶段造价精准管控的工作效率。

（3）实现项目资源整合。造价管理需要协同整合资源包括人力、物力、财力、时间等，随着项目的进展，每一个阶段不同主体对于资源的需求不同，资源的需求势必需要进行动态调整。造价管理过程中需要实现资源均衡，优化管理方案，征询各参与方对于资源的需求，统筹各建筑工程所需要的各类要素，依据信息化的资源库与各相关方上报的资源需求计划，借助大数据系统进行资源的预测建立资源协同调整机制。实现对项目资源的合理配置，确保项目资源的高效利用。

2. 提升管理可靠性

（1）完善施工造价管理监督机制。施工阶段造价的准确、可靠离不开造价监督机制，通过监督发现施工阶段造价管理上存在的问题和薄弱环节，采取切实可行的措施，促进管理体系的不断完善。

因此，施工阶段的造价精准管控责任体系要在提高造价信息完整性及准确性的基础上，结合政府与行业层面监督体系，制定相应的造价监督措施与管理细则，进一步构建项目层级造价监督机制，实现多层级造价监督机制协同，从而提升和规范造价人员职业素养，不断提升造价精准管控水平。

（2）提升造价信息来源的可靠性。造价管控措施的精确制定离不开造价数据的支持，造价数据利用大数据、物联网、人工智能等信息技术手段进行收集，有效利用市场数据反映造价并确定造价管理方式。通过深入探讨施工阶段换流站项目工程造价的费用组成，积累分部分项工程费、措施项目费、其他项目费等分项指标和费用指标，为当前项目造价管控提供助力的同时，通过造价信息库的形成以及造价指标指数和市场价格信息准确掌握，为精准化造价管控的进一步发展提供支持。

3. 实现管理可持续性

（1）构建可持续发展的造价管理体系。换流站项目的工程造价关系重大，因此加强换流站建设项目造价管理，构建可持续发展造价管理体系既是主动承担社会责任的具体体现，也是贯彻"转变电网发展方式"科学理念的重要和基础性工作。为构建可持续发展造价管理体系，造价管理人员不仅需要以当前造价管理责任体系为基础开展工作，同时也要着眼未来，不断对可持续发展理念下造价管理内容进行探讨，落实并明确施工全过程中可持续发展理念的细节，不断改进传统管理方法并探索出与时俱进、持续改善的造价管控模式，实现对项目全过程造价管理可持续发展的把控，构建可持续发展的全过程造价精准管控责任体系。

（2）贯彻"以人为本"造价管理理念。在施工阶段造价管理中，虽然拾遗补漏能提升造价管理水平，但把握工程造价管理的"以人为本"基本原则才是最不能忽视的大问题。坚持"以人为本"，通过培养共识加深责任意识并确立的共同价值理念。建设"以人为本"的人才培养机制，并加强造价管理人员的业务培训教育，提高从业人员业务素养。遵循"以人为本"的管理理念，为建设人员创造一个良好的工作环境，使其更好地完成工程造价管理的相关工作。

4.2　换流站施工阶段工程造价精准管控责任体系的构建

由于换流站项目施工周期长、过程复杂，涉及面广，各参与方的工作和责任不同，工作和责任也会随着项目实施的不同阶段而变化，清晰有效的施工管理界面显得尤为重要。通过界面管理，各项目参与方准确把握造价管理边界与造价管理责任，实现信息的有效沟通，避免工作遗漏与责任错判。

为构建清晰有效的施工界面并明确界面管理责任，在分解结构相关理论基础上，通过对施工阶段造价管控工作内容的细化与管控职责的分配，形成责任关系矩阵，从而实现基于工作分解结构（work breakdown structure，WBS）和组织分解结构（organizational breakdown structure，OBS）的换流站施工阶段工程造价精准管控责任体系的构建。

4.2.1　工作分解结构（WBS）

1. 工作分解结构（WBS）概述

WBS 是项目管理最重要的工具与内容之一，是项目管理的核心工具。编制 WBS 也是组织定义项目范围的过程，未列入工作分解结构的工作将成为项目管理的漏洞。同时，WBS 也是进度计划、资源计划、成本计划、人力资源计划、质量计划、风险计划等计划编制的基础，是对项目管理活动进行控制和评估的依据。狭义的 WBS 是一个以产品或服务为中心，以面向可交付成果为对象，将项目按其内置结构或实施过程的顺序进行逐级（层）分解而形成较小的、易于管理和控制的若干子任务或工作模块。

WBS 框架的设计按照系统工作的方法，依据项目特点其总体原则是：

（1）管理层次性原则。以换流站项目部为"管理统筹单元"，以分项目部为"执行单元"，明确管理层级关系（如提报、审批、审核等）。

（2）交付物主体性原则。工作包尽量以本项目需形成的具体交付物为描述对象，对重复性的管理工作，则以流程或独立工作包的形式体现。

（3）组织对称原则。在工作包的范围划分上，尽量与目前执行主体的部门职责相一致，以便操作。

（4）适用性原则。在具体设计上，采取了繁简相间的形式。即在造价管理方面，工作包尽量细分，有些工作已形成交叉（如计划方面）。遵循上述总体设计原则，在实际分解中，对项目施工的主体性工作将采用以下实施控制原则，从施工到分项——以各专业的分项工程作为施工的最小控制单元。

通过控制单元的设置，既可以保证施工的总目标分解、落实到足够细致的控制点，也保持了 WBS 设计的灵活性和动态性。

2. 工作分解过程

（1）WBS 总体规划。换流站项目 WBS 的编制整体上按照项目管理模块结合项目实际进程进行分解的设计思路，逐步完成从管理逻辑设计到交付物确认直至具体工作包映射的过程。作为统筹与优化的管理控制工具 WBS 涉及项目范围两方面的内容：产品范围和管理范围。WBS 的分解与项目的产品范围以及管理范围相匹配。因此，整个项目 WBS 框架的设置循着两条主线展开：

1）确认项目的产品范围，即确认项目的阶段性交付物及最终交付物。交付物的确认旨在保证项目"产品"的准确性与完整性，具体工作通过咨询单位初步调研、资料整理，然后形成初稿，再由项目负责人以及各项目参与方确认的方式实现。实际操作中不断重复上述过程直至满足实际使用需要。

2）明确项目的管理范围，即为实现交付物必须进行的管理工作，这是 WBS 设计的重点所在。具体体现为在把握适用、可控原则的基础上，对施工阶段的造价管理范围进行细化。

产品范围与管理范围这两个范围之间应实现较好的统一性和互补性，以确保项目范围的正确界定，确保实际使用中具体造价管控措施能够实现项目的造价管控目标。

（2）施工阶段分解设置原则。

1）以流程的划分作为基本的框架，以分项工程作为划分的最小单元；

2）以实际交付物作为分解的主体，同时施工过程中分项目部的具体管理活动（与联合体项目部、业主相关的管理活动已纳入"项目管理"中）也归并其中进行分解。

（3）施工分解阶段说明。

"施工"工作结构的分解贯彻了一般工程施工的逻辑流程，施工阶段的 WBS 涉及交付物的最终分解至第九级，涉及管理活动的最终分解至第六级，实际施工计划中"施工实施"需要按照作业队分区段分解至作业队。因此施工分解依照项目→项目流程→工程专业→施工区段→施工及管理流程→施工作业队→单位工程→分部工程→分项工程的思路展开。

3. 基于 WBS 的施工阶段工作划分

施工阶段造价管控是一项系统的管控工作，参与单位多，参与人数多，工作量相比较以往明显增大。明确职能机构各部门、各单位在换流站工程施工阶段造价管控中的职责，将制度拆分到每一个造价管理岗位、渗透到每一个造价控制节点，形成闭环的全过程造价管理体系，提高施工阶段造价精准管控水平。为使各参建单位积极地协调配合施工阶段现场造价控制工作的顺利完成，需要明确各参建单位的职能界面划分及具体工作内容。

施工阶段造价管控内容以造价管理工作性质为划分依据，将多阶段重复性的造价管理活动划分为项目层造价管控内容与施工阶段具体造价管控内容，最终总结出以下六项施工阶段造价管控工作内容：工程量清单复核及调整、设计变更造价管控、已完工程量验工计价、综合单价过程管控、专业分包工程造价管控和待定项目造价管控。

（1）项目层造价管控工作内容。

1）专业分包工程造价管控。建设单位需要对包括施工分包在内的所有分包工程的造价控制工作负责。由咨询单位协助建设单位和施工单位确定分包工程量和分包预算，编写招标文件再进行公开招标或是由施工单位提出几家意向分包单位由建设单位和施工单位共同比较选择。建设单位和咨询单位需要从招标比选到分包完工的整个过程对分包工程实施造价管控，为分包工程结算提供依据，减少因分包而导致造价不合理等现象的产生。

2）待定项目造价管控。对于一些确实在工程中要发生的但无法确定工程量、无法套用定额的，或建设单位、造价单位、建设单位对造价有争议的，视为待定项目，其价款控制需根据发承包双方签订的施工合同中有关待定项目合同价款管理规定开展。通过对待定项目的造价审核，为工程结算中待定项目合同价款的调整提供依据。

（2）施工阶段造价管控工作内容。

1）工程量清单复核及调整。由于在招投标时往往采用初设图纸，需要在开工前根据施工图纸，复核工程量清单，与原招标工程量对比并调整，根据中标单价编制建设、施工单位认可的施工图预算书，作为施工过程中已完工程量、设计变更计价的计算基础。

2）设计变更造价管控。在施工过程中，如工程内容有增加或删减，或是内容需要改变的，需要走设计变更流程，并相应地修改工程量和工程预算，计入当期已完工程量计价，及时控制造价变化，随时发生，随时计量。通过咨询单位审核施工单位递交变更造价清单，并于每计量周期末进行汇总、整理，上报建设单位，以便建设单位及时准确地掌握工程造价动态变化。

3）已完工程量验工计价。根据控制文件规定的计量周期，监理单位在咨询单位配合下计量当期已完工程量，咨询单位根据中标单价对其计价（含设计变更），一方面作为进度款拨付依据，另一方面作为过程管控的阶段基础资料。对不需实施的工程量，也需进行减项变更计价。

造价咨询单位配合监理及时、准确计量每期已完成工程量，为建设单位提供承包人在履行合同义务过程中实际完成的工程量，提供施工过程投资完成情况数据统计，为建设单位支付工程进度款提供参考依据；造价咨询单位配合监理发现原施工合同、已签署的设计变更中应施而未施项目，及时与建设单位联系提出减项变更。

4）综合单价过程管控。咨询单位对原中标文件中未包含的新增综合单价进行审核、确定，同时对明显偏离现时价格水平的综合单价进行分析，为建设单位提供建议。

　　清单综合单价（此综合单价是通过投标产生）是工程造价的重要组成部分，造价咨询单位通过对中标预算中明显偏离市场价格水平的综合单价的分析为建设单位的工程管理提供参考意见，对原中标预算书中未包括项目综合单价的审核，进一步加强对清单项目与图纸、变更中新发生项目的造价控制，最大限度地节约建设资金，具体分解如图 4.1 所示。

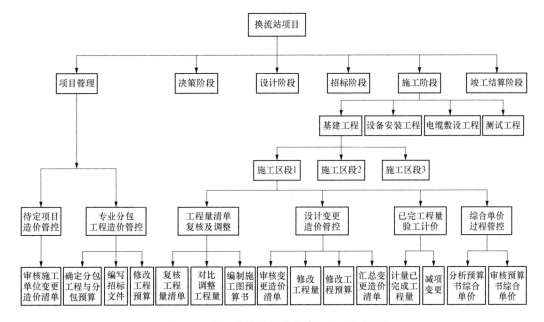

图 4.1　施工阶段造价管控管理活动分解图

4.2.2　组织分解结构 （OBS）

　　1. 组织分解结构（OBS）概述

　　组织结构是指组织的基本架构，是对完成组织目标的人员、工作、技术和信息所做的制度性安排。科学合理的组织结构是组织成员为完成各项工作任务、实现组织目标在职责、职权等方面的分工、协作体系，是确保项目建设过程中管理效率的基础，是项目实现管控目标的制度平台。组织结构可以通过管理者的设计表现出来，组织结构设计的任务就是要设计清晰的组织结构，规划组织中各部门的职能和职权并编制职责库。

　　由于换流站项目专业性强，参建单位众多，为了在换流站施工阶段能够及时有效地协调好各方工作，需要对换流站项目施工管理组织进行分解，对各人员的职责进行落实，完善组织结构和责任分配机制，建立权、责、利相结合的责任体系。建设项目的组织分解结构（OBS）也是根据建设项目工作分解结构派生而来的，是表明一个建设项目的要素或工作包分配情况的建设项目组织结构的说明文件。这种项目分解结构侧重于对建设项目责任、任务和报告关系的划分与描述。

　　2. 组织分解过程

　　（1）组织结构分解。

1) 组织分解结构图。组织分解结构是项目组织进行分工、分组和协调合作的结构图，展示了项目组织间的从属命令关系，界定了项目实施所需的工作人员种类及其职能，但不直接触及组织要素与上层结构和外部环境的关系，是较独立的项目组织团体，主要考虑工作专业化、控制跨度、部门化、命令链、集权与分权以及正规化等六种关键因素，一般与工作任务分解的构建方法相似。

在组织分解结构中，依照项目组织团队→参建方→部门→负责人→主管→相关工作人员展开。第一级把换流站项目组织团体作为一个整体来看待，第二级进行第一次分解，将项目组织分解为它的主要组织结构单元（即各参建方），分解的过程中可参考项目活动单元及其责任人，重复分解直至确定出最底层的组织结构单元，如图 4.2 所示。

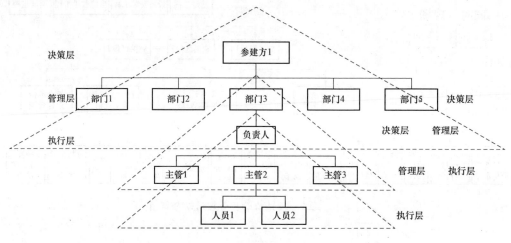

图 4.2　组织结构分解图

这些单元，一般为基本的工作小组、专业团队以及项目执行工作的个体。这些团队可以混合叠加，但团体通常只具备统一的职能，然后是最基础的组织单元。组织分解的层次数目由项目规模、组织和项目实施所涉及的人员数量决定，不同规模的项目组织级别划分也会不同。项目组织分解级别大致规划了组织结构分解的方向和策略，可以按照组织级别划分来进行组织结构分层和组织单元分解，也可以根据选定的项目组织结构形式进行分解和比选。

2) 组织管理层级分解。项目的组织管理模式主要由决策层、管理层和执行层三个部分构成。决策层主要负责确定换流站建设项目造价管控的目标、纲领和实施方案，进行宏观控制，它的存在为各部门和各专业的交流与沟通提供了可能，如定期组织协调会议、定期检查并组织讨论会议等。该层设置人员（部门）通常为项目的最高管理层，本图中为各参建方。

决策层下设各专项部门构成各参建单位的职能管理部门，而职能管理部门又可继续向下分为主管、组长等。在图中不同的三角形内，他们具有不同的职责，既是较高层次的执行层，也是低层次的管理层。管理层的主要职责是把决策层制定的方针、政策贯彻到各个职能部门的工作中去，对日常工作进行组织、管理和协调。而执行层主要是在决策层的领导和管理层的协调下，通过各种技术手段，把组织目标转化为具体行动。

（2）组织信息平台分解。组织结构设计中也涉及信息沟通设计，组织结构分解的最终目的是对项目的各个层次的信息进行组织，将不同平面上收集到的信息进行加工处理，形成对管理层的决策支持，实现对工程建设的全面造价管控。

由组织结构分解图可知，各参建方位于组织结构图的顶端，主要职责是根据下层所收集的信息进行整体决策和任务下达，形成第一层信息交流平台。其决策信息纵向流通至各职能管理部门形成了第二层信息交流平台，各部门负责将决策信息转化为各项指标，并将各项指标分解为具体的可执行的详细指标传递到现场的工作班组（即第三层信息收集平台）。同时，现场工作班组也可将从现场收集到的信息汇总、分析后传递到职能管理部门层，以便职能管理部门根据现场的信息反馈调整具体的项目指标。项目组织结构中的信息流如图 4.3 所示。

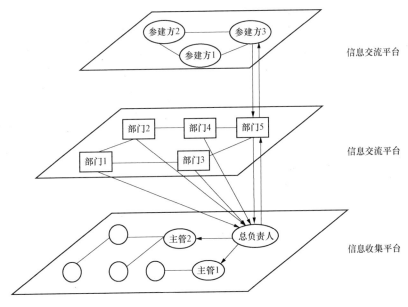

图 4.3　组织结构信息流示意图

由此可知，组织结构能够通过对工程信息的收集、加工和传导，用经过处理的信息流指导和控制项目建设的具体实施，有利于换流站项目的进度和费用管理，进而为工程造价精准管控目标的顺利实现提供保障。不仅如此，在上述组织层级结构中，各层级人员除了拥有相应的权限外，还被赋予了相应的职责，管理者可根据其建立相应的项目决策层—项目职能管理层—项目执行层的责任制度。

3. 基于 OBS 的项目组织结构划分

参照相关规章制度合理划分不同职能部门的职责，依据《广东电网有限责任公司基建管理办法》，以建设单位为例对其各部门（第三层级）职能进行以下划分：

（1）业主项目部。负责公司各级基建造价管理相关管理制度和工作标准在基建项目的实施。负责基建项目工程实施过程费用、工程结算阶段造价管理。负责归集各部门结算资料并编写总结算报告。参与项目可行性研究估算、初步设计概算和施工图预算及管理。根据权限对基建工程费用变更、工程结算等实行批准、审核和上报。

（2）基建管理部门。负责公司各级基建造价管理相关管理制度和工作标准的执行和落地。负责所管辖基建工程造价全过程管控，根据权限对基建工程初步设计概算、施工图预算、费用变更、工程结算等进行批准、复核和备案管理。负责所管辖基建工程造价管理工作的评价和考核。

（3）规划管理部门。负责工程项目可行性研究、核准、用地预审与选址意见办理、环评等前期工作的归口管理和项目后评价管理；负责编制与项目进度计划匹配的年度基建投资计划、前期费用计划，下达年度重点工程计划。

（4）供应链管理部门。负责工程项目物资的采购、履约、配送和品控（含监造）管理，包括物资供货里程碑进度管控、参与物资现场交接、督促供应商做好工程现场服务、负责开展项目物资结算工作等，参加工程验收及启动投产。

（5）计划财务管理部门。负责工程项目全过程的财务管理，包括项目预算管理、资金管理、竣工决算等工作。负责下达年度基建投资计划及预算。

（6）生产技术管理部门。负责工程交接验收（启动验收）、新设备入网管理；负责制定公司统一的反事故技术措施、缺陷标准；参与工程项目设计审查及设备技术规范书审查，参加投产试运，督促运行单位做好生产准备工作；配合做好统一建设技改项目实施管理，配合开展质量回访工作。

（7）安全监管部门。负责基建安全生产的监督、指导、考核及安全事故事件的调查处理。

（8）信息管理部门。负责基建领域管理信息系统、管理平台及信息基础设施建设、运维服务和运营的归口管理。负责与基建相关的物联网、人工智能等数字化技术管理。

（9）审计管理部门。负责组织开展工程项目审计工作，对工程项目的重要事项或经济活动进行审计监督。

参照上节中所展示的组织结构分解图将各参建方的组织结构分解，总结出换流站项目施工阶段组织分解结构如图4.4所示。

4.2.3 责任矩阵的建立

1. 责任矩阵概述

组织分解结构不仅仅描述负责每个项目活动的具体组织单元，还要将项目工作包与相关单位、部门、团队和人员分层次、有条理地联系起来，即在工作分解结构中的每一项工作需要一一对应并且落实到每个工作组，从而确保每一项工作的安排都不会出现重复或者遗漏的情况，为项目建设过程中各项施工任务顺利进行提供有力保证。因此，在项目实际管理过程中通常将 WBS 与 OBS 结合进行职责配置，通过两者的整合确定部门或个人的工

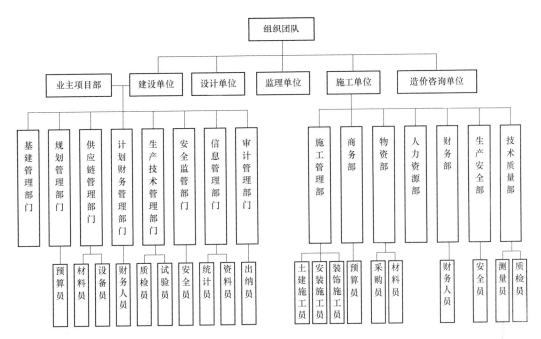

图 4.4　换流站施工阶段组织结构分解图

作任务和责任，即建立责任矩阵。

责任矩阵是一种将所分解的工作任务落实到项目有关部门或个人，并明确表示出他们在组织工作中的关系、责任和地位的一种方法和工具。责任矩阵是一种矩阵图。一般情况下，它以组织单元为行，工作单元为列；矩阵中的符号表示项目工作人员在每个工作单元中的参与角色或责任。

责任矩阵集成了工作分解结构和组织分解结构两种项目分解思路，来界定工程项目的整个范围，使组织人员明确各项具体工作范围、工作内容和责任主体，使项目的实施和管理过程清晰透彻，提高了项目监控能力。各级管理组织可以从责任矩阵中明确地找到自己承担工作的内容以及需要配合和协调的工作内容，做好边界管理，提高执行效率，从而提高了换流站项目施工阶段造价协同管控的效率。

2. 责任矩阵的内容

由于确定项目的分解结构就是将项目的组织和工作内容等分解成可以直接组织实施的过程，它们分别面向着一个项目的不同方面。在实际工作过程中，这几种分解结构并不是孤立存在的，将换流站项目按照项目的阶段划分以及按照项目组织的责任进行划分等有机地结合起来，这就是项目分解责任矩阵。在项目分解责任矩阵中，将项目实施过程分解列在表格的第一行中（WBS），将项目承担的组织系统结构分解列在表格的第一列中（OBS），形成 WBS-OBS 分解矩阵。

在 WBS-OBS 责任矩阵中，第一行代表了换流站建设项目施工阶段中具体施工区段的主要工作内容以及整个项目层面对专业分包及待定项目的管理内容，向下一层则代表了对应管理工作流程更详细的分解；第一列则代表了换流站建设项目组织施工阶段的责任主体（即各参建方），向右一层则代表了对应组织结构对应具体部门的分解。行和列交叉的地方为矩阵表各个项目单元，也是项目各工序（即工作包）的承载数据单元项，每一单元项中可以承载有包括名称、开工时间和持续时间、资源需求量和可获得量、成本、责任人等等信息，使得换流站项目施工阶段各项工作内容能够明确地与各工作组匹配，确保造价管理工作的高效性。

责任矩阵根据前瞻性原则已经设置了"变更控制"等工作内容，但考虑到换流站项目的性质和特点，不排除实际使用中随项目进程新增管理活动或调整管理活动情况的发生。因此，使用过程中还应充分重视新增关系及变化的关系，可以适时对责任矩阵中的管理活动作进一步分解或调整，避免或解决由此产生的项目"黏滞性"问题。

第5章
工程造价精准管控大数据平台构建

大数据平台是一种新型的应用系统，主要用于存储数据、管理数据、维护数据与使用数据。换流站工程造价大数据平台的本质是大数据技术在换流站工程造价领域的具体应用，是将各方有效融合、各阶段有效贯通，进而实现全行业、全过程数据共建、共享和共赢的生态圈。换流站工程造价大数据平台的建立为换流站工程造价的精准管控提供了重要的技术支撑。

5.1 大数据平台的总体设计

5.1.1 大数据平台构建的原则

换流站工程造价大数据平台的构建是为了满足对造价信息采集、整理、存储、检索与分析使用等需求，一来利用智能算法实现对不同渠道工程造价信息的收集与整理，二来将大数据技术与大数据的架构结合，提高数据处理效率，充分挖掘换流站造价信息数据价值。因此，换流站工程造价大数据平台的建设原则应该满足以下几个方面内容：

（1）可扩展性和兼容性。大数据平台构建的首要目标是实现换流站造价信息的多元化采集与统一存储、管理，因此需要从多个渠道加强对工程造价信息的采集，并对不同工程、工程的不同阶段造价信息数据进行统一存储，这样才能确保工程计价的准确性与全面性和施工过程中造价管控的精确性，从而实现可拓展性和兼容性。

（2）适用性和高性能性。大数据平台的构建是为了长期服务及应用于换流站工程项目，但不同换流站工程项目的性质、规模、复杂程度都有着一定差异。因此为了增强换流站工程造价数据库的普遍适用性及高性能性，对于换流站工程造价信息的采集、检索与使用要符合多数工程的使用需求。

（3）先进性与低成本性。大数据平台的构建采用的是计算机、互联网、大数据等先进技术，因此必须遵循先进性这一原则，保证大数据平台的实时更新与升级，满足工程项目不同时期的数据使用需求。同时考虑到工程项目整体效益，还需要遵循低成本原则，避免不必要的成本投入与成本浪费。

（4）安全性和可靠性。大数据平台中存储海量换流站工程造价信息，因此还必须加强对大数据平台信息的安全管理，遵循安全性与可靠性原则，一来保证平台存储信息不出现泄漏等安全问题，二来保证平台提供信息的准确性与可靠性。

5.1.2 大数据平台构建的目标

换流站工程造价大数据平台的意义在于能够为换流站工程各方利益主体提供信息服务，以满足工程造价不同单位主体对造价信息的使用需求。具体来说，所要构建的大数据平台主要服务的主体有建设单位、设计单位、政府及行业协会、造价咨询单位、施工单位和物资供应单位。其中，建设单位和施工单位是换流站工程项目的核心参与方，是大数据平台所要满足的主要需求主体。

1. 核心参与方

（1）建设单位通过造价大数据平台了解工程咨询单位的资质、业绩、从业人员情况等，从而选择符合其标准的咨询单位为其开展成本控制工作。在施工阶段，大数据平台实现了由周报、月报到实时数据的转变，便于建设单位更加快速准确地掌握施工单位的进度和工期的匹配程度。

（2）施工单位主要通过该造价大数据平台的使用，及时了解人、材、机等要素价格信息，获取工程造价的相关标准、定额文件等，以此为依据有效开展相关工作，为其编制投标文件提供依据。同时在施工过程中，可以及时发现造价偏差进行造价管控，提高过程结算的准确性，尽可能地实现换流站工程项目的降本增效。

2. 其他参与方

（1）政府及行业协会通过该造价大数据平台的使用，了解工程项目的推进与建设概况及工程预算报价的合理性，利用大数据平台不断完善预算定额计价依据。同时也能够通过大数据平台了解工程造价行业的发展趋势，了解工程造价行业存在的问题，以此来制定并发布相关政策、标准等，从而更好地引导工程造价行业平稳有序的发展。

（2）工程造价咨询单位通过该造价大数据平台获取相关标准、定额文件以及人、材、机等要素的价格等，并以此来开展工程造价工作，同时该平台也能为造价咨询单位提供换流站工程造价相关指标来编制投资估算及概预算，进而合理地确定和控制换流站工程的投资。

（3）设计单位通过该造价大数据平台的使用，及时了解换流站工程的设计变更信息，并参考相关已完换流站工程的信息，为其修改设计方案提供参考依据，优化换流站工程的整体设计，使得其设计符合工艺和实际情况。

（4）物资供应工作是影响换流站工程质量、造价、进度的重要因素。物资供应单位通过该造价大数据平台的使用，准确地了解换流站工程的规模、工期等信息，从而制定出周密的物资供应计划，并根据实际施工情况及时进行调整。

基于上述换流站工程造价大数据平台的服务需求可知，对于项目各参与方而言，换流站工程造价信息的采集、更新发布及预测、分析等功能是使用者最为关注的内容，也是换流站工程项目计价定价、投资估算、招标采购、过程结算等环节的依据，是大数据平台真正的作用及意义所在。

5.1.3 大数据平台精准管控的逻辑框架

大数据平台是大数据应用的核心内容。换流站工程要实现造价的精准管控，一是应尽快建立与造价确定和控制相关的数据信息库；二是通过工程造价大数据库，建立稳定长效的数据采集和数据交换机制，实现数据共享共用；三是通过个案分析、工程类型数据统计、数据的相关性分析等，为项目决策、管理提供依据。其逻辑框架如图 5.1 所示。

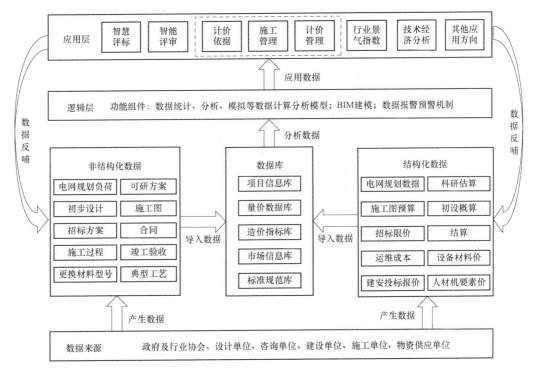

图 5.1　换流站工程造价大数据平台逻辑图

在大数据平台中，数据是管理的基础，该平台利用数据库技术实现造价数据的采集、存储、分析。数据的来源包括政府及行业协会、建设单位、造价咨询单位、设计单位、施工单位和物资供应单位，各参建单位形成了内容丰富、形式各异的数据，有结构化和非结构化数据。数据库通过采集、处理这些数据，从而形成数据构成丰富、覆盖面广、功能齐全的工程造价数据库。在数据库的基础之上，依托于 BIM 建模，算法分析等大数据技术，形成换流站工程造价精准管控的应用功能模块。在施工阶段，主要运用到的功能模块有计价依据、施工管理和计价管理模块。

5.2　大数据平台的数据库构建

5.2.1　数据库总体设计逻辑

为了弥补换流站工程造价管控与分析工作中存在的不足，通过对工程造价精准管控大数据平台的业务需求分析，构建一个以精准管控思想为核心，内容涉及面广、数据构成丰富、覆盖面广、功能齐全的工程造价数据库，如图 5.2 所示。在此基础上，从换流站建设项目的不同参与方收集历史工程造价数据，同时结合南网换流站工程造价方案，开展换流站工程造价数据的统计分析工作，以数据库为载体，协同大数据平台的数据分析方法，实现造价精准管控应用。

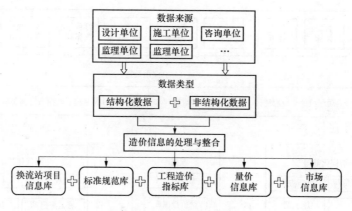

图 5.2　数据库总体架构

数据库的构建为大数据平台造价精准管控工作提供了可能。一方面，基于数据库进行造价分析数据指标的收集过程标准化、规范化管理，提高了基础数据的准确性、完整性，保证造价分析样本数据质量；另一方面，通过换流站工程造价数据录入的常态化管理，满足工程造价信息化、数字化发展的要求，利用信息化手段辅助开展工程造价控制，提升换流站工程造价分析与预测的工作效率与质量。

5.2.2　数据库架构分析

1. 数据库整体架构分析

基于换流站工程造价大数据平台背景，数据库使用 C/S（Client/Server）结构进行开发，其整体架构如图 5.3 所示。

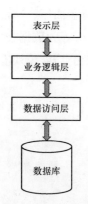

图 5.3　C/S 三层
架构图

如图 5.3 所示，换流站工程造价数据库主要包含表示层、业务逻辑层和数据访问层三个基本组织结构，属于典型的三层架构模式。基于三层架构对数据库进行开发，能够实现其不同层级的功能模块协同，以增强大数据平台的可扩展性和伸缩性，为大数据平台应用功能的拓展和延伸奠定技术基础。

表示层连接着数据库客户端，是用户与数据库计算机系统直接联系的重要端口，用户会根据数据使用需求，将数据检索、处理分析等请求通过端口传递给表示层；

业务逻辑层则会对用户的数据请求进行分析，通过数据请求的逻辑分析筛选出清晰明确的数据指令，进一步传递给数据访问层；

数据访问层直接与后台的数据库系统相连接，基于传递过来的数据请求从后台数据库系统中调取有用数据，并逐级传递回用户界面，这就是数据库基于 C/S 三层架构的内部运作机理。

系统采用 C/S（Client/Server）运行模式构建换流站工程造价数据库，通过 Web 服务器和数据库服务器，工程造价管理人员可以根据不同类型的数据实现多元视角下造价管控的目标。

2. 数据流转分析

数据流转分析能揭示数据库中数据与造价管控主体间的逻辑与交互关系。数据库架构的分析汇总，可以通过数据流转分析出所需管理的数据类型，明确数据流转过程。按照换流站工程造价大数据平台的整体逻辑框架，考虑数据库的核心数据流动，分析换流站项目不同参与方在使用数据库时各类数据的输入与输出情况，得到如图 5.4 所示的结果。

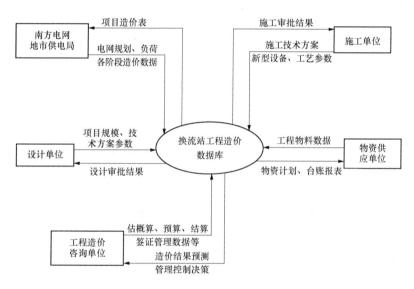

图 5.4　数据库项目数据流转过程

按照图 5.4 中所示的数据库项目数据流转过程结果，在数据库中南方电网地市的基建工程项目造价管理人员向系统中提交各个项目的基础信息、估算、概算、预算、结算数据信息以及其他相关数据信息，数据库通过数据处理将上述数据、半转化为换流站项目造价管控成果文件的形式进行输出，这些成果文件包括了换流站工程基本信息报表、估概算表、预算表、结算报表、设计变更报表、签证管理报表、物资计划报表、物资台账报表、合同价款清单列表、投资计划报表、工程费用报表等。

设计单位将项目的设计规模，项目设计方案的相关数据录入数据库，数据库将设计审批结果给予反馈。工程造价咨询单位则将本单位内部负责的相关项目的估概算、预算、结算报表提交到系统中进行审批，数据库将造价预测、管控决策结果反馈到咨询单位。施工方则将本单位确定的施工技术方案数据、新型设备工艺等数据汇集到数据库中进行审批。物料供应方则将相关项目工程的物料数据信息提交，数据库反馈项目的物料计划以及物料台账报表。

5.2.3　数据库业务流程设计

1. 数据库业务流程

大数据平台下换流站工程造价数据库的业务流程图 5.5 所示。一方面用于采集并存储换流站工程造价动态信息等基础数据，另一方面基于存储的数据，通过服务器用于网络服务处理和响应使用单位不同的数据服务请求。

如果使用单位希望及时完成材料信息数据的更新与发布，数据库系统将通过对材料价格信息的整合，筛选出最新的动态数据信息，并及时发布，用于各方第一时间了解到材料价格信息的变化；

如果使用单位希望查询某分部分项的定额，数据库基于查询需求定向检索到相关信息内容，并反馈给用户；

当使用单位希望能够预测目标工程的造价，数据库会基于当前已完工程的造价信息，建立适当的数据模型对其进行分析处理，然后将预测结果呈现给用户。

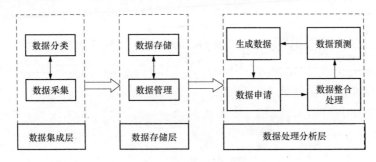

图 5.5　数据库的业务流程图

基于换流站工程造价数据库的业务呈现，其流程分为三个层次，分别为数据集成层、数据存储层与数据分析处理层。

（1）数据集成层。数据集成层位于整个架构的底层，主要负责数据信息的原始采集与初步整理，连接外部建设单位、设计单位、施工单位等各端口，从多个渠道收集工程造价信息，并进行统一的整合处理。

（2）数据存储层。数据资源中心整合了换流站工程人、材、机的价格信息、已完工程的换流站造价信息以及相关政策法规等，同时也会基于本项目的施工情况将本项目的相关造价数据储存其中，形成工程造价行业完善且全面的信息数据库等。

（3）数据处理分析层。数据处理分析层主要负责大数据的并行处理，是对数据库的信息采集、信息发布、信息检索的集成应用。具体来说，从数据存储层提取所需要的数据进行整合处理，用已建立的模型加以分析，从而为施工阶段换流站工程造价精准管控提供依据。

以上是基于业务流程层面对数据库的介绍，针对不同数据层对应处理不同的数据工作，其中数据集成层主要是前期工程造价相关数据的收集与分类，数据存储层是为了保障数据的高效管理与安全，数据处理分析则是对数据的深度利用。

2. 数据分类与获取

（1）数据分类。造价数据应用的关键问题是数据结构化治理，在换流站工程造价数据库中，通过对相关工程造价信息内容按照结构化数据、非结构化数据进行分类，为后续大数据平台的功能应用提供便利。

换流站工程造价数据库中结构化数据包括换流站规模、承载负荷、设备材料品牌、型号、使用年限、人工工资、施工机械参数、已完或在建工程的各种造价信息、同类项目工程造价指数等内容，数据的呈现形式主要为电子文档、造价报表等；换流站工程造价数据库中非结构化数据包括项目可行性研究方案、设计参数、工程技术、施工预案、典型工艺、施工合同文件、造价管理文件、项目目标责任书、现场协调会议纪要、造价密切相关的政策及行业动态信息等，数据的呈现形式主要为制度职责型文件、合同政策文本、音视频、图片等。

上述不同种类的数据经过数据库的归类处理，进一步借助大数据平台发挥数据深层潜在的价值，为实现工程造价精准管控提供支撑。

（2）数据采集。基于各项数据分类，数据库完成相关造价信息的采集工作。考虑换流站工程造价信息的不同渠道来源，应从政府及行业协会、建设单位、施工单位、设计单位和造价咨询单位多个渠道分别采集造价信息。除此以外，数据采集还需要按照不同类别及规格的信息特点进行统一的归类处理，以此建立规范化的换流站工程造价数据库。

3. 数据存储与管理

（1）数据存储。当完成对换流站工程造价数据采集工作后，需要进一步将采集数据录入到数据库，实现数据存储。

数据存储有两种主要方式：一种是以数据库系统内部存储的原有数据为基础，在库存范围内搜索符合要求标准的造价信息，并对内部检索得到的数据进行统一处理，按照新的标准再次进行记录，导入工程造价信息数据库中；另一种则是通过外部渠道大范围收集目标要求的造价信息，并将多渠道采集到的数据信息通过连接端口导入内部数据库存储中心，对海量数据按照分类标准进行整合处理，然后再统一导入到工程造价信息数据库中。

（2）数据管理。数据库中数据管理，主要是消除冗余数据，提升数据分析效率。原始采集到的数据量庞大且重复，由于数据设计不同部门必然会出现冗余数据，这种数据量的增加对数据库的利用要求较高，因此冗余消除可以减少无用数据，减轻数据重复，提升数据库存储利用率。

4. 数据处理与分析

（1）数据处理。数据处理是对原始数据进行清洗及加工。数据清洗指发现并纠正数据文件中可识别的错误，包括检查数据一致性、处理无效值和缺失值等；数据清洗是将数据进行标准化处理，满足数据的完整性、真实性、关联性和正确性；数据加工主要包括对相同类别、相同时间、相同区间的数据指标归类、对比及统计。数据处理工作保障了数据质量的同时使其有别于杂乱的原始数据，提高了造价数据分析的正确性。

（2）数据分析。实现换流站造价信息的多元化采集并建立规范化的数据库后，如何利用好数据库中的数据来实现换流站工程造价精准管控是最为实际的问题，也是数据库功能的重要体现，因而这就需要数据处理与分析。

首先，工程造价信息的数据分析通过分层采样的方法从数据库中选取目标数据，并运用统计方法对目标数据进行量化、筛选处理，初步得到工程造价用到的基础数据；其次，构建数学分析模型，将处理后的数据导入模型，利用模型算法挖掘造价数据背后更深层次的问题；最后，基于模型的结果，对工程造价数据做出科学预测与分析，用于监测后期各项施工作业成本投入与使用的效率，以此为依据来指导施工阶段的造价精准管控，这也是工程造价大数据平台下数据库价值的重要体现。

5.3 大数据平台施工阶段功能模块分析

5.3.1 功能模块的实现逻辑

基于数据库承载各类数据，构建大数据平台施工阶段三大功能模块，实现造价管控工作精准化。功能模块的实现逻辑图如图 5.6 所示。

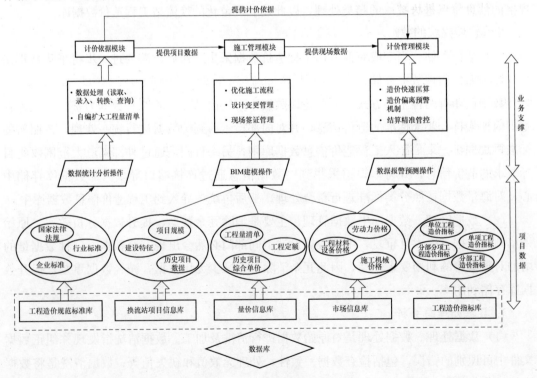

图 5.6 功能模块实现逻辑图

1. 计价依据模块功能实现

计价依据模块的数据来源于工程造价规范标准库，包含国家法律法规、行业标准、企业标准等数据类型。本模块的逻辑流程是区别已有的各类型造价管理标准，并筛选出针对换流站项目的详细管理标准；对于换流站项目的定额管理，通过从定额库模块中提取定额标准，遵循规定的概预算方式，进入正确的概预算系统程序，实现向换流站各参与方提供项目数据的功能；利用企业自主编制的扩大工程量清单，并通过计价信息模块中人、材、机、指数、造价文件五个数据库的市场信息加持，完成综合单价的组价过程。该模块实现的功能体现在读取、录入外界数据后，进行数据结构格式的转化，并通过此模块快速查询各方所需数据，当遇到错误时及时进行数据的修改和更正工作。

2. 施工管理模块功能实现

施工管理模块的数据来源于项目信息库、量价信息库、市场信息库，包含项目建设规模，项目特征，工程量清单，定额，人、材、机的市场价等数据类型。本模块的逻辑流程是通过 BIM 建模，优化施工流程，实现施工模块化，同时可进行设计变更方案的对比，计算不同变更方案引起的造价变化和工期变化，提供最优的设计变更方案。在 BIM 建模的基础之上，依托于信息集成汇总的功能，可实时对设计变更和工程签证的内容做好统计汇总，大大减少了结算过程中的争议。该模块实现的功能是优化施工流程以及对设计变更和现场签证的精准管控。

3. 计价管理模块功能实现

计价管理模块的数据来源于市场信息库、工程造价指标库，包含人材机的市场价、各层级工程的造价指标等数据类型。本模块的逻辑流程是在计价依据模块与施工管理模块的基础上，提炼工程造价指标库与市场信息库的高质量数据，在项目实施前期，通过对比同类型项目中单位、单项、分部、分项工程造价指标实现概算、预算阶段的快速匡算；在项目实施过程中，协同施工管理模块的施工模拟与签证等资料管理功能，利用施工数据预测造价变化区间，设置造价偏离预警机制；另外在结算时点，根据施工现场复查工程量的录入，自动计算结算工程款，在保证过程结算的量价精准度的同时，缩短结算审批周期。该模块实现的功能是实现造价快速匡算、造价偏离预警机制、结算精准管控。

5.3.2　计价依据功能模块

1. 计价依据划分

电力行业经过几十年来的不断改进与发展，其工程造价管理体系细分为法律法规体系、工程造价管理标准体系、工程定额体系和工程计价信息体系。其中，工程造价管理标准体系、工程定额体系和工程计价信息体系又构成了计价管理体系，为电力项目的实施提供计价依据。

法律法规是实施换流站项目工程造价施工阶段精准管控的制度依据和重要前提；工程造价管理标准是在法律法规的要求和支持下，规范造价精准管控的核心技术要求；工程定额则是通过提供国家、行业、地方的参考性依据和数据，指导企业的定额编制与运用，起到规范管理和科学计价的作用；工程计价信息是市场经济体制下，进行造价信息传递并快速精准形成成果文件的重要支撑。

工程造价管理体系中的工程造价管理标准体系、工程定额体系和工程计价信息体系是换流站工程精准计价的主要依据。三类计价依据关系到换流站项目各参与方的利益，所呈现出的相应标准需要更加科学、先进、合理，更加贴近市场、符合实际，不断适应国家电力行业工程造价改革的需求，满足国内该领域全过程工程造价管理的需要。因此，基于大数据平台构建的换流站项目数据库应单独设计"计价依据功能模块"，以满足其造价精准管控的知识体系和理论支撑，其逻辑框架如图5.7所示。

2. 计价依据功能模块的构成要素

（1）工程造价管理标准。由于电力行业工程计价的每项标准有多项独立属性和内在规律，标准之间约束维度数量较多，存在着相互依存和制约的联系，结合工程造价管理标准并根据阶段、专业和属性等分类方法，对霍尔三维结构模型进行拓展和补充，利用符合换流站项目造价分类的三个维度来构建电力行业工程造价标准体系的框架。三个维度分别为级别维、层次维、状态维，这三个维度能较为全面地涵盖电力行业工程造价标准体系的结构关系，并根据每个维度的标准特性逐层分解，每一项标准都能在这个三维结构模型上找到自己清晰的定位。工程造价管理标准体系三维结构如图5.8所示。

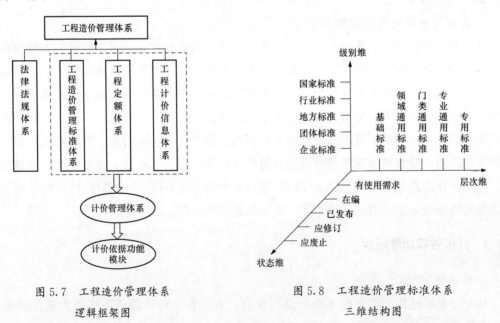

图 5.7　工程造价管理体系　　　　　图 5.8　工程造价管理标准体系
　　　　逻辑框架图　　　　　　　　　　　　　三维结构图

根据三维结构模型的搭建，可以将电力工程造价标准的内在属性更大程度地挖掘出来，使标准之间的关联更加清晰合理。结合计价依据的理论分析，对三个维度的具体含义描述如下：

1）级别维。根据国家标准化管理委员会的要求，要构建多层级的中国现代标准体系，在级别维度可分为行业标准、地方标准、企业标准。不同于普通的房屋建筑工程项目，电力项目的行业标准适用于全国，是针对全国范围内输变电工程、核电工程、风电工程等各类电力项目工程造价的统一标准，如《电力建设工程工程量清单计算规范》（DL/T 5341—2016）。地方标准是在国家某个地区公开发布的标准，如广东省住房和城乡建设厅发布的《广东省建设工程计价依据（2018）》。企业标准是企业根据需要自主制定以提高自身竞争力的标准，如《广东电网有限责任公司基建造价管理细则》（Q/CSG‑GPG 2052004—2021），根据工程实践探索积累的管理制度为南通换流站施工阶段的造价精准管控提供了可操作性的参考资料。

2）层次维。该维度中，将基础标准和通用标准位于高层次，标准之间持有的共性特征多，适用范围广；专用标准位于低层次，标准专业性较强，适用范围窄。构建换流站工程造价标准体系时，要将标准层次与其适用范围结合考虑，充分发挥其精准管理的功能，为施工阶段的结算、变更、签证等事件提供强有力的依据和支持。

3）状态维。根据电力工程造价标准所处的状态可将标准分为有使用需求的标准、在编的标准、已发布的标准、应修订的标准、应废止的标准等几大类。该模块可以及时掌握国家、行业等部门最新发布、废止的建设和管理标准，其次，换流站各参建方可以通过状态维查看管理标准所处的状态，及时了解标准的动态，便于针对性地开展造价精准管控的工作。

（2）工程定额。工程定额主要分为工程消耗量定额和工程计价定额。随着电力工程市场化改革的不断深入，工程计价定额的作用主要在于换流站建设前期造价的估算和预测以及投资管控目标的合理设定。南方电网以工程定额为基础，建立了完整的工料机价格信息收集、消耗量测算发布模块体系，其中包括南方电网电网工程主要设备材料信息价，南方电网信息化项目预算编制与计算方法等。此外，还制定了估算、概算、预算、签约合同价、结算、决算至项目后评价的完整电力工程投资体系。因此，计价依据模块设置相应的定额模块，目的是为政府和电网企业投资打造了科学的计划、实施、控制、评价功能，并为电力工程项目发展与改进提供基础支撑。

1）工程定额模块构成。该模块由2个子模块构成：定额管理子模块和概预算管理子模块，其运行逻辑如图5.9所示。定额管理模块由4个程序构成：浏览、定额查询、定额修改、定额添加；概预算管理系统由3个程序构成：已有工程、新工程、概预算方法。

2）工程定额模块主要功能。定额管理模块的主要功能：能够完成对各类定额的多种数据操作，根据定额的类型分别进行数据的录入、修改、查询、浏览和删除，最重要的是能够为概预算系统提供定额标准。

概预算模块的主要功能：当用户创建了一个已有工程中不存在的新工程项目时，新工程将自动设置为已有工程，对已有工程和新工程的操作是不一样的，但它们之间的联系却十分紧密。当工程要进行概预算时，该系统就必须从定额库中提取不同类型的定额标准完成各类数据、指标的运算并形成分类报表。

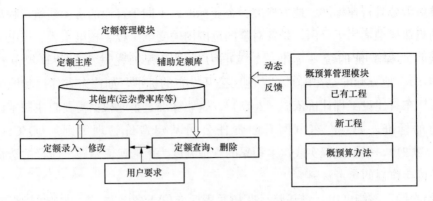

图 5.9　工程定额模块构建原理图

3）工程定额模块的具体操作。定额管理模块中的数据主要分为结构化数据和非结构化数据，其作为传递的载体，为概预算模块提供进一步计算和形成报表的依据，是概预算系统的重要标尺。只有从定额库中提取了定额标准，遵循规定的概预算方式，才能进入正确的概预算，最终向换流站的各参建方发送报表并提供数据基础。

概预算模块中工程项目的录入及修改也是定额管理模块进行动态修改和录入的参照量。当新工程中录入了定额库中并不存在的定额标准时，为了保证概预算的正常进行就必须提示各参与方定额库中不存在该定额，并向定额库添加新定额。定额标准是连接两个子模块之间的桥梁，所以两个模块必须拥有某一相同的部分，在数据库技术中这相同的部分就是记录的公共字段。概预算模块和定额模块是通过多个库表的共有字段而建立联系的，而不仅仅是单个的库表关联。

（3）工程计价信息。

1）扩大工程量清单。配电网建设投资逐年加速，不论是传统的定额计价模式还是施工图设计加工程量清单招标采购模式均已不能适应不断变化的电力市场需求且无法满足当前项目建设的进度需求。由于南通道换流站项目投资额增加，涉及的各方成员较多，为加快电网建设项目施工前期的过程，换流站项目结合其建设特征提出了采用配电网扩大化清单的方式以解决投资加速和造价管控不及时所带来的相关问题，有效提高了施工阶段的结算速度，规范了电力项目的造价管理行为。

扩大工程量清单计价是由工程量清单计价衍生出来的，相较于工程量清单计价而言，扩大工程量清单计价的特征描述更加广泛，其清单列项少于一般的国标清单。扩大工程量清单的项目有两种：一种是从分部分项工程至构件逐步细化，每级都是下级内容和特征的综合。图纸完善的时候，工作人员可以选择下层项目清单进行描述；图纸未完善的时候，工作人员可以选择上层项目清单进行描述，由施工单位等承建方根据自身具体情况选择使用。另外一种是以标准设计各模块为单元。如在电网建设中，扩大工程量清单是以配网标准设计各模块为单元进行划分的。基于工程实体各分部工程分类，将分项工程清单按类别进行了汇总集合，相当于一个分部分项工程的实体打包，整体工程的造价等于各个子集的模块化造价的组合，依据此原理形成扩大工程量清单。

南通道换流站工程项目采用第二种模式，以标准设计各模块为单元进行划分，各模块包括构件的全部施工内容。采用扩大工程量清单将施工进度控制在合理的界限范围，确保工程计价过程的清晰化，明确各方的风险分担原则。对应的合同扩大了清单描述概括范围，减少了结算争议，加快了结算进度，发承包双方都对工程量和综合单价进行了核实，投资目标比较明确。

2）工程计价模块构成。扩大工程量清单的编制，配合工程造价管理机构发布的指导或服务电力工程计价的人工、材料、工程设备、施工机具的价格信息以及各类造价指数，可以提高行业竞争意识，适应电力市场改革需求。因此，计价依据功能模块的第三部分便是工程计价信息模块的构建。

结合工程量清单计价模式中综合单价中所涉列的人工费、材料费、机械使用费这三大主要部分，该模块由人工价格信息库、工程材料设备价格信息库、工程机械价格信息库、工程造价指数信息库、工程造价文件信息库这五个部分组成。

1）人工价格信息库。建立人工价格信息库的目的是通过了解市场人工成本费用行情，以及人工价格的变动，为换流站项目人工单价的科学定位提供依据。在企业的竞标过程中，人工费用成本的竞争是至关重要的一项。如果企业能够预测到承包方投标的人工价格水平，通过科学的论证，合理确定自己的控制价格，就有可能有效控制投资，解决施工阶段由于外界因素所带来的价格不确定性。

2）工程材料设备价格信息库。该信息库的主要功能是明确施工阶段中办理各类工程结算中材料费的计价标准和基础。由于建设工程材料、设备价格是建筑市场最活跃的因素，工程材料、设备的品种繁杂，生产厂商和经销商众多，信息量巨大。在施工阶段时，常常会发生由于国家政策、市场、国际、自然环境等因素的改变，被迫大幅度调整材料价格，此时，可以从材料设备价格信息库中调取材料价差调整公式并结合此时的市场价进行调整。

3）工程机械价格信息库。机械租赁价格信息的收集方式与材料价格信息的方式基本相同，是对地区内有影响力、信誉好的机械设备租赁公司的租赁价格进行调查。对本企业来讲，还要对企业内部的机械台班费用价格进行调查，建立价格信息库，并作对比分析，预测机械价格在一段时间内的价格趋势变化，形成价格预警机制，并做出决策预案，落实换流站项目中大量机械设备的投资管控。

4）工程造价指数信息库。工程造价指数的种类很多，可以根据资料的不同和目的不同设置指数体系。指数的确定一般按地区或行业、专业划分。一般常用的指数有人工价格指数、人工综合价格指数、材料设备价格指数、材料设备综合价格指数、工程造价指数等。

5）工程造价文件信息库。基于大数据平台的换流站数据库将现有数据分为结构化数据和非结构化数据，而工程造价文件信息库中的工程造价文件是指政府及工程造价管理部门颁布的有关各种造价控制与管理方面的政策性文件、法令、法规，以及各类费用、费率等的非结构性数据的调整文件，其中有指令性的，也有指导性的。工程造价文件对电力企业进行工程造价控制与管理具有重要的指导意义。在收集编辑建立工程造价文件信息库时，要根据文件的颁发部门、时间以及文件的效力和性质等进行分类，并对有关文件做出简洁说明，淘汰过时的或已被废止的文件，建立便捷的查询系统，以便施工阶段中遇到设计变更、现场签证时，可以快速查看对应政策文件。

5.3.3　施工管理功能模块

1. 施工模块化

施工模块化就是将换流站工程划分为多个模块，对于单个施工模块，根据施工图设计，确定进行该模块施工所需要的设备、材料、工人、施工机械的种类及数量，对材料、配件、设备进行招标采购，进行施工人员调配和施工机械租赁或调配，继而合理调配资源、组织施工，完成施工模块的施工。

在模块化施工过程中，可以借助 BIM 技术来优化施工工艺和施工流程。在该技术下可以借鉴集成思想，通过 BIM 技术模型将整个模块及模块与模块之间的施工流程有效连接起来。明确施工周期和进度，通过大数据技术进行模拟，信息化地呈现整个换流站结构要素，优化施工流程，最终确保设计和施工实际同步进行。

同时，在 BIM 技术辅助下可以实现工程的信息化，可以确保换流站信息数据的共享，摆脱传统方式中信息、资源、应用三座孤岛的管理模式，确保施工过程的可视化，最终形成一个完整的施工链条，实现施工全过程的信息化整合。通过大数据平台赋能模块化施工，便于对各个连接节点进行检查，从而精确地指导施工模块造价分析，最终实现成本、进度、质量的总控管理。

2. 设计变更管理

工程变更对项目的影响主要表现在造价增加和进度推迟两个方面，进度推迟的最终结果也是增加工程的造价。因此，运用大数据平台对设计变更进行严格的控制与管理实现换流站工程造价精准管控的重要内容之一。

首先，在变更方案编制和评审环节，大数据平台中的可视化功能更直观地展现不同变更方案变更前后模型的变化。与计量计价功能模块结合后，可更准确快速地统计、对比不同变更方案引起工程量的变化，依此计算不同变更方案引起的造价变化；与数据库中施工进度计划、技术方案等资料关联，即可精确地核算相应变更方案执行所需要的时间。

其次，在设计变更实施环节，系统会根据变更方案自动修改模型，利用模型的可出图性可在不增加绘图量的前提下，自动导出施工图纸，减少相应工作量，提高了工作效率。施工单位可依据设计变更的三维模型，完成施工模型的深化，进而模拟和指导施工。同时，该应用也会自动统计汇总好设计变更，并将设计变更汇总结果反哺到数据库中，便于后期合同变更管理和工程结算。

3. 现场签证管理

现场签证是合同价款调整的重要因素，利用大数据平台可有效解决工程现场签证方面存在的纠纷，解决了各参与方签证信息不对称和签证资料难以完整保存的问题，提高换流站工程造价精准管控的效率。

首先，通过大数据平台的数据库，可建立项目实施各阶段的模型，进行全面模拟。项目各参与方均能直观地了解到不同时间节点的施工情况，发生签证时，将签证的内容在模型上直接调整，分析发生此过程前后模型的工程量并在模型上记录，为签证的事实认定提供准确的数据，结合监理、造价咨询单位的进一步严格审查，充分依据定额、合同等文件来判定签证内容是否允许调整及调整的幅度和范围，解决现场签证的真实性、有效性。

其次，在项目实施过程中，可将相关签证信息不断录入与更新，可以实时对工程签证的内容做好统计分析，作为签证资料的重要组成部分，有效解决以往承包人不重视签证，签证上报不及时、资料不齐全，监理、造价咨询和发包方对签证的审核不严，造成资料缺失而影响工程结算的问题。

5.3.4　计价管理功能模块

1. 概算管理

换流站工程的实施方案设计是工程造价的基本载体，其中包含许多关键要素信息。概算管理功能是为了实现换流站工程的快速估价、匡算，辅助管理人员进行前期决策。

设计阶段中，工程设计方案的决定需要依托合理的数据支撑。在造价大数据平台中，通过利用数据库中高质量数据信息，选取类似换流站的项目数据，围绕工程建设的原材料、人工成本、建设成本等多要素在概算管理模块中进行模拟；同时，以数据为导向，考虑项目实施过程中技术、经济、环境保护等多方面的情况，以及参考工期长短等其他非自然损耗而导致的管理费用提高的原因，基于数据库的案例项目，对设计与施工方案进行比选。结合概算管理的数据分析结果，在工程实践初期获得工程的预算范围，提前规避项目建设过程的造价管控风险，将造价控制工作的中心前移，使工程造价得到合理和有效控制。

2. 预算管理

施工图预算功能实现了数据信息共享，提供了设计单位与施工单位的协同工作界面。帮助设计人员了解相应的成本信息，并为材料采购、配额收集等环节的开展提供便利。借助工程造价精准管控大数据平台的计价分析，实现对工程信息、进度计划等内容的科学管理，进而得到准确的施工图预算。

在施工图预算分析过程中，相关人员将预算资料导入之后，平台从数据库中提取同类项目的相关造价数据，利用造价大数据平台中数学分析模型，就可以自动生成相应的评定报告，获取最优施工方案，并与施工单位确认无误，从而杜绝重大设计变更情况的出现，同时降低施工过程中的设计变更；进一步，根据预测信息设定造价预警机制，在施工前确定项目的造价上限，施工过程中一旦造价偏差超过阈值时，管理人员做出干预行为，凸显造价管控工作的及时性与精准性，以此提升施工阶段工程造价精准管控工作的开展效率。

3. 结算管理

结算管理是计价功能模块的重点，其在最大限度上发挥出数据库中数据载体优势，运用平台的数据匹配计算与审核，帮助管理者提高结算效率、造价管理效能，落实项目施工过程结算工作，进而实现对施工过程中造价管理的风险预防与化解，使工程造价管控呈现出集成化、动态化、精准化等特点。

第一，基于平台实现过程结算资料的集成化管理，促进了过程结算的执行。工程造价大数据平台整合项目各阶段的信息互通，集成造价、施工进度、质量、合同等信息，造价人员与其他专业人员的信息交流由点对点升级为点对面，实现过程结算管理过程中信息传递与共享。

第二，平台通过各类数据建立施工模型，将赢得值法内嵌于计价分析模块，实现支付费用与工程进度实时匹配，优化过程结算效率。造价精准管控大数据平台借助项目投资、进度、造价一体化控制，控制计划进度与实际进度的误差。搭建施工单位上报过程结算、监理单位审核、建设单位审批的全流程，实现过程结算精准化。基于平台选取项目进度、工程量清单、合同等数据，支撑工程量审核工作，审核单位审查清单明细，查看清单详细的组价方式，人、材、机消耗量详细信息等完整的工程量信息，提高技术变更的计量和计价速度，提高施工过程结算款的支付精度和速度，保证过程结算准确性、真实性。

第三，建立结算管理与施工管理模块中的设计变更、签证管理双向验证。在结算工作中，自动计算施工周期内的工程价款，根据项目应支付价款动态划分结算节点；同时，提高结算资料完备有效性，以调取数据库中项目变更、签证等举证材料作为造价核算依据，在每个计算周期内，实现数据留痕，便于发承包双方在平台中清楚了解到结算的价款与依据，避免了双方推诿扯皮的现象，加快了整个项目的结算工作的推进。

第6章
南通道换流站建设概况

6.1 项目建设背景及基本情况

6.1.1 项目建设背景

南通道换流站站址位于广东省东莞市沙田镇西太隆村,直线距离西太隆村中心约0.5km,地处粤港澳大湾区。粤港澳大湾区是我国开放程度最高、经济活力最强的地区之一,也是华南电力负荷最为集中的区域——珠三角地区负荷占广东全省负荷的77%。直流受电规模高、负荷密度大、500kV电网密集、新能源大量接入,导致广东电网存在大规模断电风险。广东电网是南方电网的重要组成部分。作为我国接受"西电东送"规模最大的省级电网,截至2019年年底,广东省发电装机容量为128237MW。其中,水电装机容量15755MW,火电装机容量85810MW,核电装机容量16136MW,新能源装机容量10536MW,分别占总装机容量的12.3%、66.9%、12.6%和8.2%。2019年广东省全社会用电量$6696 \times 108 kW \cdot h$,同比增长5.9%;全社会最大负荷124000MW,同比增长11.7%。随着乌东德直流工程的投运,直流受电规模还将增加5000MW。电网短路电流超标问题和多直流馈入可能引起多回直流换相失败导致广东电网大面积停电安全稳定问题是广东电网的两大安全隐患,必须尽快解决。

为此,南方电网组织多方反复论证提出:按"新建500kV大湾区外环,珠三角内部东西之间利用直流背靠背互联,同时在直流落点近区配置动态无功补偿设备"的思路构建广东电网目标网架,以解决广东电网短路电流超标和稳定问题。为落实、实施广东电网目标网架,南方电网进一步组织多方研究、论证,提出广东电网目标网架建设方案为:2022年珠三角东部、西部核心区域通过背靠背互联,并建成联络东西片区的500kV双回交流外环网中段,即建设广东电网中通道(增城—穗东)和南通道(狮洋—沙角)直流背靠背工程,容量各3000MW,建设500kV大湾区外环(双回交流外环网)中段;"十四五"中后期建成完整500kV大湾区外环(双回交流外环网)由中段延伸至东西两翼。

6.1.2 项目建设基本情况

1. 建设规模

大湾区南粤直流背靠背工程(下文简称为"南通道换流站")东侧紧邻500kV崇焕变电站,南侧和东侧为流经的东引运河支流包围,西侧为东莞运河,北侧距离番莞高速约100m,东北侧距离东莞市中心约20km。换流站总用地面积12.4公顷,围墙内用地面积10.11公顷,主体工程施工进度情况如图6.1所示。

工程建设2个柔性背靠背直流单元,每个单元额定输送功率为1500MW,直流额定电压±300kV,额定电流2500A。换流站工程500kV出线4回,其中西侧交流场出线2回至

图 6.1   南通道换流站主体工程施工进度情况

狮洋站，东侧交流场出线 2 回至沙角电厂，东侧交流母线通过母联断路器和架空线路与崇焕侧 500kV 配电装置相连。新建线路路径总长 2.4km，其中狮洋侧路径长度 1.2km，沙角电厂侧路径长度 1.2km。换流站沙角电厂侧交流母线至崇焕 500kV 配电装置双回线路路径长度 0.9km。

工程于 2020 年 11 月 9 日获广东省发展改革委核准批复，核准总投资约 47.98 亿元，于 2021 年 01 月 15 日开工。

2. 建设目标

南通道换流站是广东电网目标网架东西组团间的异步联网工程之一，是广东电网目标网架的重点工程，目的是解决广东电网目前存在的"直流受电规模高、负荷密度大"以及"广东电网大面积停电安全稳定问题"这两大安全风险问题。

6.1.3   项目作用与改进内容

1. 换流站项目主要作用

在中通道背靠背工程投产基础上，本工程的建成投产可进一步降低广州、深圳等核心地区 500kV 短路电流水平 7~16kA，可消除 8 回及以上直流同时换相失败风险，7 回及以上直流同时换相失败风险点由 10 个降至 5 个。

2. 换流站项目改进内容

南通道换流站在工程设计上围绕构建"3C 绿色电网"总体思路，将实现换流站全寿命周期内"智能、高效、可靠、绿色"为追求目标，打造多维度生态环保集约型绿色换流站。

工程首次实现工程应用绝缘栅双极型晶体管（以下简称 IGBT）器件国产化比例大幅提升至 50％，解决了柔性直流换流阀关键元器件、零部件依赖进口的"卡脖子"难题。南方电网的技术攻关团队在国内首次研制出了全国产柔性直流换流阀阀段，实现了柔性直流换流阀核心组件包括 IGBT、电容器、IGBT 驱动板、二次板卡芯片的完全自主可控。该产品的成功研制及创新应用，实现"0 到 1"的突破，推动柔性直流技术自主可控的跨越式发展，提高了我国电工装备制造业的核心竞争力。

6.2　项　目　建　设　难　点

6.2.1　技术要求高

1. 工程质量要求高

基于南通道换流站施工面积较大、地质结构较复杂的特点，工程开工前工程管理部应做好技术准备工作，根据施工部位、设备或系统的特点及技术特性编制有针对性的技术措施或防范措施，在施工中严格执行；采用新技术、新工艺、新方法、新流程，要在技术工艺上保证工程质量；质量评价得分 93 分以上，高水平通过达标投产，高排序获得中国电力优质工程奖，创国家优质工程金质奖。

2. 环保要求高

南粤背靠背工程邻避效应较为突出，对工程降噪设计提出了近乎苛刻的要求：既要在 500kV 增城变电站旁增设大型换流站，建成后又不能增加周围敏感点的噪声水平。在中国能源建设集团广东省电力设计研究院有限公司工程师的持续探索下，项目实现了在国内首次采用自然通风的半户内启动回路、首次在换流站采用水冷空调等创新举措，在节能降耗的同时，大幅降低了工程声环境指标，目前全站噪声不超过 48.5dB，达到国际领先水平。

3. 节能降耗要求高

传统的节能降耗技术存在多种安全隐患，对能源的消耗量特别大，由此进行节能降耗技术的革新势在必行。本工程采取一系列技术措施实现节能降耗的目标。在系统节能方面，提出合理系统方案，优化潮流分布，降低电网电能损耗，为优化调度运行创造了良好条件。在变电节能方面，采用高性能、低损耗节能变压器及其他电气设备，合理选用站用变压器容量和导线截面，减少电力输配线路的能源消耗，确保最终电力输送的质量，减少群众用电成本。在线路节能方面，多数采用同塔双回路架设，减少占地，节约土地资源；导线采用高导电率的铝包钢芯铝绞线，线损较小；采用节能金具，有效地控制了金具串的起晕电压，防止电晕发生，减少电能损失。

6.2.2 投资费用高

南通道换流站工程作为世界上容量最大的柔性直流背靠背工程,第一次针对电网复杂结构进行了合理分区、柔性互联,实现一系列技术突破与创新,也应用了各种新式设备,如绝缘栅双极型晶体管、全国产柔性直流换流阀阀段等,工程投资费用较高。

2020 年,南方电网用于国内电网建设总投资额为 907 亿元。经评审核定,南通道换流站工程投资估算静态投资 465025 万元,动态投资 483668 万元,占比 5.33%,在南方电网的众多项目中名列前茅。南通道换流站工程涉及行业上下游企业近 200 家,仅电网设备领域,工程建设就将带动上下游供应链约 80 亿元。

6.2.3 周期长且紧张

为尽快解决广东电网面临的短路电流超标和多直流换相失败引起电网安全稳定问题,本工程宜尽快建成。根据文件规定,本工程从批复到投产时间仅为 563 天,工期从 2020 年 11 月 09 日至 2022 年 5 月 25 日。广东电网能源发展有限公式(以下简称"广能发")在南通道换流站工程施工方案中明确本工程工期非常紧,需要在短时间内投入大量人力、机具,同时施工。广东电网采取多方面措施保证工期。

在组织层面,建立健全施工进度控制管理制度,明确各层次的人员具体任务和职责,根据工程总进度目标要求,层层分解,建立进度控制目标体系。

在技术层面,编制施工组织设计,以及各重要或特殊工序的施工方案,并进行详细的技术交底,确保工程施工质量和施工安全;合理安排各分项工程、分部工程、单位工程的施工顺序,划分施工层、施工段,配置劳动力,组织有节奏、均衡、连续、有序的流水施工。

在信息管理层面,定期召开协调会,检查施工进度情况,解决存在问题;项目部要定期向建设单位、监理单位、广东电网本部报送工程施工进度情况;加强现场设计变更通知的管理,及时将变更通知传达到施工人员中。

6.3 项 目 建 设 意 义

6.3.1 安全意义

首先,南通道换流站是广东电网目标网架的重点工程,工程投产有针对性地解决了广东电网目前存在的安全风险问题,如短路电流超标、大面积停电的安全隐患和短路电流超标问题。此外,站址的特殊性还使该工程面临站外占用运河规划河道线的问题。为此东莞供电局积极与属地政府多次沟通协调,经过专家评审和多轮的方案优化,最终确定东引运河左侧采用栈桥,右侧沿河采用垂直挡墙的不征地方案,确保运河行洪面满足防洪要求,实现了广东电网的安全稳定。

6.3.2　环境意义

作为广东电网东西分区异步联网的重要通道,该站犹如"电力动脉",不断为粤港澳大湾区发展注入绿色动力,助力实现"碳达峰、碳中和"目标。由于南通道换流站三面临水,该工程也成了国内地基处理方案最复杂的柔性直流换流站工程。工程结合了"海绵城市"的设计理念,应用雨水分散提升排放方案,增强区域排水防涝能力。这就相当于将海绵城市设施微型化,分布在站区各个区域范围内,提高对局部破碎地块的利用率。这种设计还可以改善区域环境,有效缓解频繁出现的洪涝灾害等问题,增强对雨水的控制,减轻排水管网压力。与传统雨水管网改造相比,环境效益更加明显。

6.3.3　经济效益

在项目建设过程中,通过对换流站清单进行数据统计分析,采用收集统计数据方法对清单子目数据进行分析计算,形成具有针对性的、更适用于换流站的扩大清单。通过本项目的实施,提高资金使用率,优化投资。该项目完成后,规范、统一了广东电网换流站的扩大清单招标清单。同时,给设计单位编制可行性研究估算、初步设计概算及施工图预算提供了指导,并对准备建筑单位提供了相关依据,填补了广东电网在处理此类问题上的空白,对后续的换流站招标采购和结算提供借鉴。其中,利用对实际的换流站扩大清单基础数据进行统计、分析,可以推广在全国同类项目建设,供设计、评审、招标、结算等单位参考。

6.3.4　社会效益

广东电网是我国接受清洁能源西电东送、北电南送规模最大的省级电网。作为广东电网目标网架的重点工程,南通道换流站将为东西组团直流异步联网提供条件,优化电网结构,提升清洁能源资源优化配置能力,实现西部和三峡水电等清洁能源在大湾区充分消纳,推动能源清洁低碳安全高效利用,为湾区建设注入活力。

第 7 章

南通道换流站施工阶段造价精准管控应用

7.1 施工阶段造价管控难点

7.1.1 计价依据难点

首先，直流输电技术的适用范围广，根据电压源换流站所连接的交流系统不同，不同类型的换流站之间包括核心控制器在内的主要设备配置与安装会存在很大差异，因此在电力行业中很难找到通用、标准的工程量清单。南通道换流站项目的相关计价依据或标准以及其对应的工程量清单，需要在借鉴其他已建或标志性换流站项目造价清单和依据标准的基础上，根据本项目的实际规划情况编制独特的清单子目，形成具有针对性的换流站工程量清单。

其次，随着技术的不断改革和更新，本换流站核心设备的体积不断缩小，可靠性不断提高，换流过程的可控性大大提升，应用于线路和设备的新材料和新技术也不断涌现，这大大促进了高压直流输电系统的发展。但与此同时，以往换流站项目的造价管控仍然以传统定额作为主要依据，而在本项目建设过程中大量采用的新材料、新工艺或新设备往往没有定额依据做支撑，在确定工程造价时必须进行定额换算。

第三，由于南通道换流站在施工阶段只有初步设计文件，缺少图纸来支撑算量计价工作，因此施工图纸不完备是项目的一大痛点。在项目前期勘察和设计阶段中，发现换流站工程项目受地质、水文等自然条件影响较大，且为满足电气工艺需求，项目空间结构布局精细，整体结构体系复杂这些特点均容易导致清单编制人员因时间紧、图纸设计深度不够或缺乏现场资料等客观原因，造成清单措施和施工实际措施偏离，进而导致工程造价偏差。而项目需要在初步设计阶段就开始施工招标工作，为了时刻贴合项目独特性，本工程借助工程造价信息化平台，在借鉴其他类似项目造价清单的基础上，参考清单计价规范，形成换流站独有的清单计价模式——扩大工程量清单模式。该模式以标准设计各模块为单元进行划分，各模块包括构件的全部施工内容，将施工进度控制在合理的范围内，确保工程计价过程透明化，减少结算争议，以此提升电网工程造价管理的精准化与信息化水平。

7.1.2 施工难点

南通道换流站工程规模大且工期要求紧，在进行换流站建设时，施工人员不仅要对地面、道路等基础内容进行施工，同时还需对各项设备进行安装与调试，工作任务相对较重。且设备需要在基础设施建设完成以及基础设备制作完成之后，才能安装使用，所以会直接造成建设周期的延长。且该工程东侧紧邻 500kV 崇焕变电站，在互不影响的大原则前提下，需与 500kV 崇焕变电站结合建设，这势必会导致该工程场地用地紧张。因此，在本工程中推崇实行模块化施工，可大大减少施工占地面积，同时，通过大数据赋能施工过程，实现施工流程的最优，尽可能地缩短工期，控制造价。

设计变更和现场签证关系到工程的质量、进度和造价控制，所以加强设计变更和现场签证的管理，对规范各参与单位的行为、确保工程质量和工期、控制工程造价具有十分重要的意义。南通道换流站涉及较多的新工艺、新技术和新设备，所以其设计内容必定存在模糊、不清晰的情况，在后期施工过程中不可避免地会出现设计变更和现场签证；其次，换流站工程的相关参与方较多且信息不对称，从而导致设计变更和现场签证审批和反馈不及时。因此，在本工程的施工管理过程中，通过明确设计变更和现场签证的流程以及各参与方的职责，以大数据平台为支撑，优化设计变更方案，有效解决以往设计变更和现场签证资料不齐全的问题，可大大减少后期结算时的争议。

7.1.3　结算管理难点

由于南通道换流站工程复杂，前提不定性因素过多，导致发承包双方在合同约定中无法将费用结算问题细致化、明确化，无形中增加项目结算风险。因此，结算管理成为南通道换流站施工阶段造价管控的又一难点，具体原因如下：

第一，由于换流站项目前期无法进行深度设计，其"边勘察，边设计，边施工"的特性导致了施工阶段可能存在换流站项目施工图纸和招标图纸不一致、深化图纸和施工图纸不一致等问题。图纸管理混乱，报批程序不严谨给结算管理工作带来的隐患；另外，当施工现场出现变更时，因为各参与方不能及时在现场达成统一意见，为了避免工期延误，施工单位难免出现"先干活、后完善程序"的情况，而后补程序的工作没有得到充分重视，导致结算过程中出现发承包双方扯皮、推诿现象，使得结算管理工作困难。

第二，南通道换流站施工单位负责线路工程中涉及征地青赔、纠纷协调等工作，由于项目在投标报价中自行考虑的费用包括了乡村路改签所含征地、施工、材料等所有费用，不同地区的乡路可能要求不统一，各标段的费用无法明确计算，致使项目在建设中不确定因素变多，扩大了施工单位承包项目成本控制的风险，这种不确定因素也给结算审核带来了困难，影响了结算管理工作效率。

第三，科学划分过程结算项目的结算周期、结算界面和节点非常重要，这是做好换流站项目过程结算的前提。南通道换流站施工合同中约定了过程结算的时间节点，但合同中对过程结算的界面、节点等约定模糊，划分不细致，在实际施工过程中，由于难以有效区分总分包不同专业间的工作界面，可能会直接影响过程结算的质量，影响结算审核准确性，甚至导致结算工作无法进行。

7.2　计价依据精准化

7.2.1　扩大工程量清单的特点

1. 扩大工程量清单的来源及概念

国家经济快速发展，配套的电网建设方面的投资额也随之快速增加。2022 年广东电网基建配电网项目建设投资额累计投入约 276 亿元，2023 年计划建设投资 494 亿元，配电网建设工程的投资比重越来越大。配电网建设具有项目多，单个项目规模小、工程造价低，建设地点分散不整齐、所处地形地貌丰富多样，涉及的专业工程广，对应的设计方案多元化，容易受地方、行业规划建设制约，施工中影响干扰因素多等显著特点。

基于上述事实，我国建筑行业提出的传统施工图加工程量清单招标采购模式已无法满足电网项目的建设进度需求。为加快配电网建设项目招标过程，采用配电网扩大工程量清单可以解决投资加速所带来的一系列问题。

扩大工程量清单是以配网标准设计各细分模块为单元进行划分，相当于一个分部分项建筑实体的打包。扩大工程量清单由清单编码、清单项目名称、清单项目特征、清单计量单位、清单工程量、全费用综合单价及合价等组成。其以工程实体模块为单位表现，以标准设计模块为基础，按《20 kV 及以下配电网工程量清单计算规范》（DL/T 5766—2018）进行准确的工程量计算。

传统的工程量清单列项不代表一个工艺的实体，它仅代表的是一道施工工序。而扩大工程量清单所呈现出的子项代表了一个建筑物的实体，就是将一个实体的项目所包含的那些清单子目进行打包。扩大工程量清单的使用，就像是在将所包含的一道道施工工序以拼积木的方式完成组装和打包，实现更高层级的工程量清单。

2. 扩大工程量清单的优势

（1）采用统一计价模式。在换流站的招投标阶段中，招标文件明确规定各投标人应统一采用招标文件中已给出的扩大工程量清单进行投标文件和投标报价的编制。本项目扩大工程量清单以广东电网直流背靠背东莞工程（大湾区南粤直流背靠背工程）《招标工程量清单》为准。

基于对该项目的清单分析后，可以看出扩大工程量清单具体表示为：采用相同的定额子目搭配、相同的单元模块、相同的计量计价规范，投标人根据企业定额或自身经验进行自主报价，编制依据及方法是严谨规范、标准统一的。其深层含义表现的是工程实体项目，名称统一规范，具体工程项目根据实际情况进行详细的内容和特征的描述。扩大工程量清单为高效、优质地编制工程量清单提供了保障，有利于确定准确、合理的投标报价。利用扩大工程量清单计价形成的成果标准统一、严谨规范，准确且适用性高，易于编制招标控制价、投标报价和合同价，有利于提高换流站项目的造价文件编制水平及效率。例如，本项目招标控制价是中国南方电网结合了电网工程限额设计控制指标、电网工程建设概预算定额、电力建设工程工程量清单计价规范（变电工程）等多方标准规范进行编制的，在定额的选取与组价过程中，保证模式标准化。

一般情况下，只有通过采用扩大工程量清单计价方式，才能在后期过程及最终结算时减少或避免对工程量的修改和校正，使量价分离的优势得到真正的发挥，有效地提高工程造价管理效率，使其在进行招标、投标及结算工作时真正发挥作用。中国南方电网以工程管理实现向精准化管控的方向发展、提升施工管理的效率、掌控造价的起伏以及按量价分离、按实结算的目的，最终实现对整个换流站项目投资的有效控制。

（2）规范电力行业市场。扩大工程量清单是在工程量清单计价规范的基础上分模块进行分类组合而成的标准性文件，项目各参建方都必须强制执行。这些规范、要求是强制的，可以最大程度地规范发承包双方的计价行为，以保障数据库中上传的所有造价文件的规范、合理，便于后期利用数据技术进行未来拟建工程的数据预测和分析工作，实现逐步规范电力市场行业的优质作用。

扩大工程量清单从源头上对发承包双方进行了规范要求及系统管控，可使建设方在招投标过程中的行为更加规范，对招标单位而言有很强的参考性，可有效避免在招标过程中高估冒算或盲目压价的行为，比如招标人可以从投标人的已标价扩大工程量清单中以工程实体为搜索标准，明显看出每一子项是否高估或恶意压价。该项工作的推行可以使整个招标活动更加合理、顺畅、透明，起到了节约电力项目投资金额和规范电力行业市场的作用。

（3）实现风险有效分担。

本项目在设计阶段时就需要进行招标工作，施工图纸不完善是其开展工作的痛点之一，受勘察及地质等资料准确性、设计深度、设计方案与结构类型的重大调整等诸多不利因素影响，后期的造价控制工作难度增大。如果此时在工程量清单模式下，将风险全部转给施工单位，根据"谁风险，谁利润"的原则其必然提高投标报价。因此，招标人应采用以工程实体为模块设计的扩大工程量清单模式，确保清单子项的特征描述与清单全费用综合单价的项目名称及定额组价相一致，并且子项组合正确，保证不重不漏的原则，最后形成扩大工程量清单。例如，在描述基坑开挖的特征时，招标单位应充分考虑到所有不良地质可能导致的风险，但因清单综合单价并不包含定额风险价格，所以招标单位无法统计此部分的单价费用。对此，为便于投标报价和项目管理的精准管控，招标人与投标人可以考虑共同制定合理公平的风险分担措施。但招标人应承担特殊地质带来的类似风险，并按施工过程中发生的工程量向施工方结算费用，这不仅有利于施工单位合理报价，同时还能减少后期结算争议，降低管理难度。

扩大工程量清单计价与定额计价最主要的差异就是量价分离，清单工程单价报价的准确性由承包方负责，其承担清单工程单价偏差的相关风险；清单工程量的准确性由发包方负责，其承担清单工程量偏差的相关风险。扩大工程量清单计价将工程建设过程中的量与价的风险进行了合理分担，使发承包双方的风险得以有效降低与合理分摊，表7.1为计价模式的风险分担对比分析。

表7.1　　　　　　　　　三类计价模式的风险分担对比分析表

计价模式	定额计价	工程量清单计价	扩大工程量清单计价
基本单元	某一单个施工工序	施工工序（多项定额子项组成）	工程实体
价的风险	承包人负责	承包人负责	承包人负责
量的风险	承包人负责	发包人负责	发包人负责

扩大化工程量清单是在保证工程质量的前提下，承包方根据自己的企业定额和实际市场价格信息进行自主报价。自主报价有利于在市场竞争条件下发挥承包方的综合实力优势，即把工程定价权还给企业，逐步实现政府定价到市场定价的转变。

3. 全费用综合单价

（1）全费用综合单价的概念。扩大工程量清单计价是在《20 kV 及以下配电网工程量清单计价规范》和《广东省配网工程标准设计成果》（2017 版）基础上编制的，是规范、严谨、标准、各参建方都认可的。其单价由标准费用（分部分项工程费、措施项目费、其他项目费、规费、税金）和完成各项工作内容必需发生但在清单中又未体现的相关费用等部分组成。

结合本项目来讲，具体招标文件中明确规定工程量清单中的单价或金额，应包括所需人工费、施工机械使用费、材料费、其他（运杂费、质检费、检测试验费、调试费、各类调试配合费、缺陷修复费、保险费，以及合同明示或暗示的风险、责任和义务等）费用，以及措施费（含安全文明施工费）、规费、管理费、利润、税金等，即全费用综合单价计价模式。

（2）全费用综合单价的优势。

1）有利于工程造价透明化。综合考虑换流站项目的扩大工程量清单计价模式后，其全费用综合单价包含了完成一个工程实体的所有费用，乘以相应的该项实体的工程量可以直接汇总出一个工程实体的价格，即单位工程的合价。与工料单价和实物量单价法相比，运用全费用单价进行组价后，计算步骤较少且容易使项目各参建方理解，同时避免了多步计算容易出现的错误，较大程度地提高了工程造价文件的编制效率和准确性。

实行全费用综合单价，无论处于何种设计阶段，该费用均可以直接用于各阶段工程计价，因此与该项目的工程成本的关系更直接，可以直接用于单项工程的单价分析或比较。通过综合单价分析表，可以直接反映该项目的人工费、材料费、施工机械费、管理费、利润和税金，使工程单价的构成更加透明，更加接近市场实际。

考虑到本换流站项目属于单项工程，因此单位工程造价进而汇总成单项工程造价，使得整体计价更为简单和直观，便于后期直接取费和套用。

2）便于工程各阶段的价格分析和汇总。由于采用全费用综合单价法可以直接乘以相应工程量进行汇总，可以使得价格分析和价格汇总更加简便。利用大数据平台对项目各阶段进行划分，并做好上一阶段的价格是下一阶段的限额控制，比如在编制工程概算时应当以决策阶段的投资估算为依据，结合设计限额，进行概算的汇总。工程概算的价格可以来源于多个项目的预算单价的汇总，工程估算的指标也可以来源于工程概算的单价的汇总。

实行全费用综合单价后，估算阶段的一个单位工程的指标，来自概算阶段多个项目的汇总，概算或工程量清单的单价来自多个预算单价的汇总。因全部是全费用综合单价，因此可以直接进行汇总，这将使单价的分析和汇总非常容易。如钢筋混凝土基础梁的安装由基础梁和防腐工程两项组成，在实行全费用综合单价后，工程量清单招标控制价即是预算阶段基础梁和防腐工程的两个项目综合单价相加。

3）促进施工单位的水平提高。全费用综合单价可以直接体现出施工企业的施工水平以及管理水平。综合水平高的企业所报的单价会有所降低，即通过使用新型技术或优化方案等措施，来提高招标阶段的中标概率。在优胜劣汰的市场经济下，企业会努力提高自身的施工水平，发挥新技术、新工艺、新材料等优势来避免被市场淘汰。

施工企业在投标报价中已将增值税等税费问题在各分项工程的单价中考虑，避免了后期结算过程中因各项进项税抵扣问题造成的争议与冲突。将税金纳入项目成本，施工企业必须在购买原材料、机械租赁等时，加强增值税发票的管理，以获取更多的利润。这将有助于提升施工企业的财务、材料、工期、质量等综合管理能力和水平。

同时，对于招标人来讲，有利于其选择优秀的施工企业，保障工程质量、安全及效益。施工企业依据自身和市场情况自主报价，更好地将企业的施工水平、管理水平、利润率反映在全费用综合单价中，加大了企业间的竞争力度，让更有实力的企业脱颖而出，在公平竞争的同时实现企业的优胜劣汰。招标人通过招投标择优选择有竞争力的施工企业来进行电网工程建设，以保障工程质量、安全与效益。

4）有利于控制工程造价。按照《电力建设工程工程量清单计价规范（变电工程）》（DL/T 5341—2016），措施项目清单在招标时也要进行项目特征描述，投标人按照项目特征描述确定综合单价，但这并不利于电网公司控制换流站项目的造价，还在一定程度上限制了投标人选择合理的施工方案及施工组织优化，相当于招标人承担了工程施工中相应的技术风险，这并不是合理的。传统的综合单价法将项目的措施费用单独计价，措施项目随着施工方案的不同而随之改变，这些不确定性增加了工程造价的控制难度。

从我国工程电力工程项目特点可以得出，施工中的管理风险和技术风险应全部由投标人承担，而与招标人无关。措施项目进行单独计价增加了工程造价的确定与控制难度。在实施过程中，常常出现因施工方案与报价不同而调整措施项目综合单价的现象。因此，在发承包交易阶段，投标人应自行考虑作为非实体部分的措施项目并承担全部风险。

采用全费用综合单价法要求投标人自行考虑措施项目及相应的风险，在施工前期就随主体的扩大工程量清单一起报价，有利于控制后期的工程造价。只设置实体工程量清单子目，有利于投标人优化施工方案，提高报价水平，形成技术与经济综合实力的竞争环境，同时在竣工时减少结算的调整风险，有利于投资控制。

5）减少结算争议。换流站项目的设计方案图批复后，审定后的限价即作为合同价的签订依据，具体工程结算价按竣工工程量与全费用综合单价相乘计算，其各清单单价明确。若在工程实施过程中因各种原因发生了工程量变更，招标人可直接以投标时的综合单价与发承包双方确认的竣工工程量两者相乘计算出最终结算费用。使用扩大工程量清单进行结算，量与价都是双方认可的，速度快、准确率高，有效避免了发承包双方在结算时对于工程造价发生争议。

（3）全费用综合单价的推行意义。推行全费用综合单价既涉及工程造价专业人员工作习惯的改变，也涉及各类有关标准的变化及计价定额的调整；同时，还涉及工程计价有关的计价软件的调整，是一项庞大的系统工程。但是，各工程造价管理机构、行业协会和工程造价工作者，要充分认识到这是一项从定额计价模式到工程量清单计价模式之后又一项具有深远意义的改革。这项改革将促进我国与发达国家的计价模式相趋同，并与施工企业的成本管理、市场价格更贴近，便于实现《关于进一步推进工程造价管理改革的指导意见》中提出的"建立市场决定工程造价的机制"的核心目标。

7.2.2 扩大工程量清单的原理

1. 定额—工程量清单—扩大工程量清单的清单编制逻辑线

扩大工程量清单计价按工程定额、工程量清单、扩大工程量清单三个层级进行细分后组合，定额按标准套取、按图汇总为清单，清单按图纸工序汇总为扩大工程量清单，其清单编制的逻辑过程如图 7.1 所示。扩大工程量清单就是以标准设计各模块为单元，将各模块中全部施工内容，按照工作内容、项目特性、施工数量、单价明细等列表标明，将其作为投标报价和中标后计算工程价款的依据。

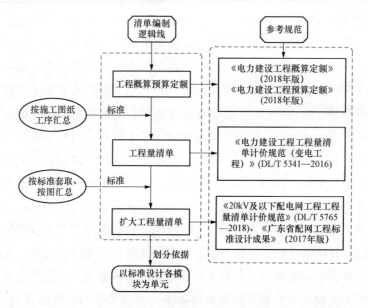

图 7.1 清单编制的逻辑过程

扩大工程量清单是在《20 kV 及以下配电网工程工程量清单计价规范》（DL/T 5765—2018）和《广东省配网工程标准设计成果》（2017 年版）基础上进行细分组合。招标人将工程实际中各种可能会发生的全部项目和施工内容依据标准设计，按各设计模块划分为统一计算单元、统一实体工程实物量、统一标准单价。在此基础上，投标人依据各工程具体施工图信息（地区类别、编制基准期价差、项目的地形系数、土质、余土外运运距、土方开挖方式、工地运输运距等）、企业定额、材料市场价格自主报价。

2. 结算调整依据

换流站项目要求工期紧，施工图纸不完善使得在施工前期时无法判断出精确的工程实际量以及配套的措施项目。南方电网在该项目的扩大工程量清单中已列出各子项的结算调整依据，即调整标准和调整的具体措施。针对本项目构建的造价精准管控大数据平台来讲，此项措施无疑很好地为施工阶段的设计变更和现场签证做好依据保障，也对为后期结算管理提供参考依据和有力支撑。

在大数据平台计价依据模块下的扩大工程量清单子模块中设置结算调整依据板块。针对换流站 A、B 包项目的各类型结算调整依据做出分类和整理工作，主要分为可调整项和不可调整项。不可调整项主要指的是总价包干项（不因实际数量、方案调整），可调整项按照清单子项的呈现形式主要包括按体积调整、按面积调整、按长度调整、按个数调整等。依据以上分类将清单子项进行整理，并上传至计价依据模块中。由此在未来的过程结算或竣工结算中可以随时调取前期规定的依据进行调整，减少结算争议，精准提高工作效率，具体如图 7.2 所示。

通过对换流站工程招标中的扩大工程量清单结算调整依据的收集与整理，依托公司造价分析、结算审查等管理工作的开展，实现了对多个样本工程造价数据有效集成与整合，搭建了基于现代信息处理技术的换流站工程造价数据信息库。待本项目结束后，将实际结算调整依据以及具体调整的数量和综合单价上传至数据平台中，进行调整依据和方

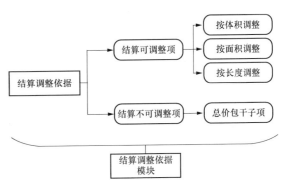

图 7.2　结算调整依据模块分类

案的后评价，可判断该子项因施工现场的设计变更和签证原因导致的结算调整是否合理并给出相关的提升优化方案，形成反馈机制，形成数字化结算模式。

3. 造价集成化与施工模块化

扩大工程量清单以清单计价规范和配网工程标准设计为依据进行编制，与标准设计配套形成了造价的模块化，统一并提高了造价水平，规范并简化了招投标工作，更有效地利用有限的投资资金产生更高的经济效益，加快建设进度，使配电网全过程建设更高效规范。配电网工程造价"模块化"管理，给我们指明了项目建设施工的努力方向。同时，造价模块化和施工模块化相辅相成，为后续施工管理模块提供依据。

把换流站项目的每个施工内容、工序都划分成一个个的模块，模块与模块之间是相互关联的同时，每个模块之间又都具有相对的独立性，使模块施工从传统的必须在项目现场且受当地人力、材料、施工机械及环境等多种制约条件下进行单件性施工建造中解放出来，转变为不受时间、空间制约、相对独立的建设活动，可使得多个模块按照设计规定的标准在不同地点、同时、平行施工。

模块化施工可以理解为根据项目的建设强度、厂址等具体情况，对关键工序重点、难点部位分阶段、分装置或分区域施工。对于模块的组装或集成程度要根据当时当地限制条件，寻找一个经济合理的模块集成度分界点。而造价模块化作为招标阶段的强有力方式，预先把施工图纸"模块化"，并针对该模块组成其造价。

7.2.3 案例分析

1. 定额—工程量清单—扩大工程量清单的逻辑线

将上述原理运用在换流站项目的大数据精准管控平台中，是本项目的一大亮点和优势，即构建工程预算定额—工程量清单—扩大工程量清单单独的逻辑运行模块。其工作原理如下：将本项目所需的相关国家、行业规范和依据标准经过数据处理，快速导入至数据平台计价依据模块的扩大工程量清单子模块中，并做好三种计价模式的分类工作，即《电力建设工程概算定额》《电力建设工程预算定额》《电力建设工程工程量清单计价规范 变电工程》。之后进行编制传统工程量清单的工作（该项工作可由数据平台的逻辑运算模块自行完成），重点将每一子项的工作内容全部展示出来。编制扩大工程量清单时，选择某工程量清单子项作为母体，如钢筋混凝土基础梁、混凝土墙、平整场地、土方开挖等子项，随后根据招标人需求和工程项目的具体特点，将已列出的母体清单项扩充，将所需的其他项目子项计入其中，组成扩大工程量清单的一项，最后将扩大工程量清单文件输出。

（1）钢筋混凝土基础梁。以换流站项目A包中的标准设计钢筋混凝土基础梁为例，其对应的钢筋混凝土基础梁扩大工程量清单内容包括混凝土本体（含添加剂、抗裂纤维等）、垫层、浇制缩缝垫板、安装止水带、填伸缩缝、板端头填素混凝土、预埋铁件、基础梁、防腐、模板等，见表7.2。该钢筋混凝土基础梁所对应的定额子项就是清单子项，二者的施工内容完全一致。因此，一个基础梁即对应两条扩大工程量清单和组合拼装，其包括的工程量计价规范见表7.3、表7.4，预算定额指标见表7.5。扩大工程量清单即把很多条工序清单进行了打包汇总，相当于电网造价就是集成化的造价，组价的逻辑过程如图7.3所示。在设计方案执行配网工程标准设计的基础上，采用扩大工程量清单可以极大地提高工程造价文件编制效率，有效保障文件编制质量。

表7.2 钢筋混凝土基础梁扩大工程量清单

序号	项目名称	项目特征	单位	工程量	单价	合价	价格包括内容	结算调整依据
1.2.1.3	钢筋混凝土基础梁	C30混凝土；虑垫（100mm，C20）、基础防（表面涂刷聚合物水泥砂浆厚度≥5mm或沥青冷底子油两遍，沥青胶泥土层，厚度≥500μm）折算至综合单价	m²	232.50			包含混凝土本体（含添加剂、抗裂纤维等）、浇制伸缩缝板、安装止水带、填伸缩缝、板端头填素混凝土、预埋铁件、基础梁、防腐、模板等全部工作内容	按混凝土（不含垫层）体积调整

表 7.3 　　　　　　　　　　　　　　**浇混凝土量工程量清单规范**

项目编码	项目名称	项目特征	单位	工程量计算规则	工作内容
SD16	基础梁	1. 混凝土强度； 2. 混凝土种类	m³	按照基础梁混凝土体积计算，不计算基础梁上混凝土支墩体积	1. 模板及支架（撑）制作、安装、拆除、堆放、运输及清理模内杂物、刷隔离剂等； 2. 混凝土制作、运输、浇筑、振捣、养护

表 7.4 　　　　　　　　　　　　**混凝土面防水、防腐工程量清单规范**

项目编码	项目名称	项目特征	单位	工程量计算规则	工作内容
SK 05	混凝土面防水、防腐	1. 防腐部位； 2. 面层厚度； 3. 混凝土种类； 4. 胶泥种类、配合比	m²	按照设计图示尺寸实铺面积以 m² 为单位计算工程量。扣除单个面积 0.3m² 以上孔洞、凸出防腐面的物体所占面积，出防腐面的建筑部件需要做防腐时，应按照其展开面积计算，并入防腐工程量内	1. 基层清理； 2. 基层刷稀胶泥； 3. 混凝土制作、运输、摊铺、养护

表 7.5 　　　　　　　　　　　　　　　**混凝土基础梁概算定额**

定额编号			YT5-32	YT5-33	YT5-34	YT5-35	YT5-36
项目			基础梁	矩形梁			
				断面 0.25m² 以内		断面 0.25m² 以外	
				组合模板	复合模板	组合模板	复合模板
单位			m³	m³	m³	m³	m³
基价（元）			534.53	743.22	752.28	685.56	688.42
其中	人工费（元）		171.80	293.90	259.96	251.69	221.96
	材料费（元）		353.76	408.32	451.23	399.97	432.56
	机械费（元）		8.97	41.00	41.09	33.90	33.90
	名称	单位	数量				
人工	建筑普通工	工日	1.350 4	2.268 3	2.020 7	1.949 8	1.730 1
	建筑技术工	工日	0.788 5	1.378 8	1.209 3	1.175 5	1.029 1
计价材料	现浇混凝土 C25-40 集中搅拌	m³	1.009 0	0.555 0	0.555 0	0.555 0	0.555 0
	现浇混凝土 C40-40 集中搅拌	m³		0.454 1	0.454 1	0.454 1	0.454 1
	隔离剂	kg	0.210 2	0.443 6	0.443 6	0.465 1	0.465 1
	圆钉	kg	0.243 0	0.637 0	0.640 2	0.042 0	0.042 2
	镀锌铁丝	kg	3.040 0	1.734 0	1.742 8	1.060 0	1.065 4
	聚氯乙烯塑料薄膜 0.5mm	m²	2.412 0	2.380 0	2.380 0	2.001 0	2.001 0

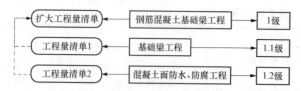

图 7.3　钢筋混凝土基础梁工程的逻辑线

（2）阀厅本体设备及安装。以换流站项目 A 包中的标准设计阀厅本体设备及安装为例，扩大工程量清单见表 7.6，其分为总价部分、棒式支柱绝缘子、直流悬式绝缘子、交流悬式绝缘子、铝绞线、铝管母线、铝管母线、厂家提供设备支架等全部配套工作内容。其中总价部分包括以下内容：阀塔、阀避雷器、设备开箱检查、设备底座的钻孔，攻丝，组装；避雷器并联电阻安装，放电记录器安装（包括支架制作及安装）；穿墙套管吊装，气体监测器安装地（含相应管件），充气补气；悬吊绝缘子安装，屏蔽均压环安装，支柱绝缘子清扫、组装、安装固定；接线盒安装，内部光纤电缆槽盒安装，光缆敷设及光缆头制作、安装；引下线及本体至相邻设备连线安装；设备场内倒运，设备单体调试，施工企业调试、试验配合费。

《电力建设工程工程量清单计价规范　变电工程》（DL/T 5341—2016）中提出的阀厅安装，其工作内容包含浇筑设备基础、坑池、隧道、沟道、模板的铺设和安装、铺设垫层、找平层、铁件的制作与安装等工作内容。

该项目所依据的 2018 版《电力建设工程预算定额》中阀厅设备的工作内容包括晶闸管整流阀塔安装、阀避雷器安装、阀桥避雷器安装、阀厅内接地开关安装、高压直流穿墙套管安装五个部分，与工程量清单规范的列项一致。然而，定额中未包括的工作内容有阀厅内管母线及设备连线、支持绝缘子、环网屏蔽铜排安装等。

对于本工程在编制扩大工程量清单时以表 7.6 所示项目为例，将定额与清单部分中阀厅设备的五个基本部分列为扩大工程量清单的 1.1.1.1 项，即总价部分，结算时不予调整。而对于母线、绝缘子这类子项，扩大工程量清单将其编制在阀厅本体设备及安装内的工作内容以及价格包含内容中，但清单规范及定额明确指出阀厅安装不包括此类子项，具体规定见表 7.7。招标人在扩大工程量清单模块中选择预算定额内的五个子项（见图 7.4），即晶闸管整流阀塔安装、阀避雷器安装、阀桥避雷器安装、阀厅内接地开关安装、高压直流穿墙套管安装，针对本阀厅本体安装，分别对应一个清单子项。在框选栏中将五个子项进行框选，并在输入项中查找需要组合的其他子项，如软母线、支柱绝缘子等，拖拽至母体清单项中，使其快速便捷的组成扩大工程量清单项见表 7.8，将包含的全部工作内容及时更新处理。预算定额中阀厅设备的工作内容见表 7.9。综合来讲，将母线、绝缘子项目列入阀厅本体设备及安装中可以大大降低清单编制以及投标人组价难度，节约招标时间，提高管控效率。

表 7.6　　　　　　　　　　阀厅本体设备及安装扩大工程量清单

序号	项目名称	项目特征	单位	工程量	单价	合价	价格包括内容	结算调整依据
1	阀厅设备及安装							

序号	项目名称	项目特征	单位	工程量	单价	合价	价格包括内容	结算调整依据
1.1	阀本体设备及安装							
1.1.1	阀厅本体设备及安装							
1.1.1.1	总价部分	包含以下工作	项	1			1. 阀塔：设备底座核实，阀塔框架的装，元件组装，吊装，冷却水管组装，导体连接，均压框罩的组装，整体检查； 2. 阀避雷器：阀避雷器安装，放电计数器安装，拉棒安装，导体连接； 3. 设备开箱检查，本体就位，安装，固定，补漆； 4. 设备底座的钻孔，攻丝，组装； 5. 避雷器并联电阻安装，放电记录器安装（包括支架制作及安装）； 6. 穿墙套管吊装，体监测器安装地（含相应管件），充气补气； 7. 悬吊绝缘子安装，屏蔽均压环安装，支柱绝缘子清扫、组装、安装固定； 8. 接线盒安装，内部光纤电缆槽盒安装，本部分总价包干，除变更外结算不做调整。34976 缆敷设及光缆头制作、安装； 9. 引下线及本体至相邻设备连线安装； 10. 设备场内倒运，设备单体调试，施工企业调试、试验配合费	本部分总价包干，除变更外结算不做调整
1.1.1.2	棒式支柱绝缘子	DC300kV	只	48			1. 本体及附件安装，接地，单体调试； 2. 支架、铁构件的制作、安装、镀锌	按数量调整
1.1.1.3	直流悬式绝缘子	DC300kV各种长度	台	24			1. 绝缘子清扫，组合，安装，单体调试	按数量调整
1.1.1.4	交流悬式绝缘子	330kV	台	48			1. 绝缘子清扫，组合，安装，单体调试	按数量调整
1.1.1.5	铝绞线	LJ‑1120	m	3000			1. 导线测量，下料，压接，安装连接，驰度调整； 2. 过渡板包括打孔，锉面，挂锡，安装； 3. 包含连线金具、导线等材料	按长度调整

续表

序号	项目名称	项目特征	单位	工程量	单价	合价	价格包括内容	结算调整依据
1.1.1.6	铝管母线	φ300/280，含衬管	m	200			1. 母线安装：测量、平直、下料、煨弯、钻孔、锉面、挂锡、管形母线内冲洗、拢头、打眼、配补强管，焊接，穿防振导线、封端头，安装固定，刷分相漆，单体调试； 2. 母线伸缩节头安装：钻孔、锉面、挂锡，连接安装固定； 3. 母线热缩材料安装：测量，下料，安装 4. 支架、铁构件的制作、安装、镀锌； 5. 包含金具、管件、阻尼线等	按长度调整
1.1.1.7	铝管母线	φ250/230，含衬管	m	550			同"1.1.1.6"	按长度调整
1.1.1.8	厂家提供设备支架	各种型号，支架安装、整体喷漆以及919防腐涂料（面漆）的现场喷涂，具体以施工图为准	t	3			1. 支架就位、安装、整体喷漆以及919防腐涂料（面漆）的现场喷涂	按支架重量调整

表 7.7　　　　　　　　　　换流站——阀厅工程量清单规范

项目编码	项目名称	项目特征	计量单位	工程量计算规则	工作内容
SJ01	晶闸管整流阀塔	1. 型号、规格； 2. 电压等级； 3. 结构形式	组	按图示数量	1. 本体及附件安装，光缆槽盒安装，光缆敷设及光缆头制作； 2. 整体检查； 3. 接地； 4. 单体调试

续表

项目编码	项目名称	项目特征	计量单位	工程量计算规则	工作内容
SJ02	直流避雷器	1. 型号、规格； 2. 种类； 3. 电压等级； 4. 户内安装/户外安装	台	按图示数量	1. 本体及附件安装，绝缘子安装，光缆敷设及光缆头制作； 2. 接地、补漆； 3. 单体调试
SJ03	直流电流测量装置	1. 型号、规格； 2. 电压等级； 3. 户内安装/户外安装	台	按图示数量	1. 本体及附件安装，绝缘子安装，光缆敷设及光缆头制作； 2. 注油、接地、补漆； 3. 单体调试
SJ04	接地开关	1. 型号、规格； 2. 电压等级	台	按图示数量	1. 本体及附件安装； 2. 接地； 3. 单体调试
SJ05	直流穿墙套管	1. 型号、规格； 2. 电压等级； 3. 安装方式	个	按图示数量	1. 本体及附件安装； 2. 充气补气、接地； 3. 单体调试

注：阀厅内管母线及设备连线、支柱绝缘子等安装，执行母线、绝缘子安装等清单项目，不包含在此项。

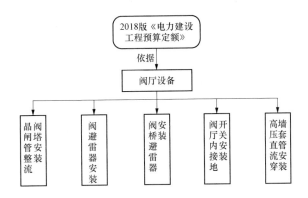

图 7.4　2018 版《电力建设工程预算定额》中阀厅设备项目组成

表 7.8　　　　　　　　　　　　　母线、绝缘子工程量清单规范

项目编码	项目名称	项目特征	单位	工程量计算规则	工作内容
SC01	悬垂绝缘子串	1. 型号、规格； 2. 单串/V 形串； 3. 电压等级	串	按设计图示数量计算	1. 绝缘子清扫、组合、安装； 2. 单体调试
SC02	支柱绝缘子	1. 型号、规格； 2. 电压等级； 3. 户内安装/户外安装	个	按设计图示数量计算	1. 本体及附件安装； 2. 接地； 3. 补漆； 4. 单体调试

续表

项目编码	项目名称	项目特征	单位	工程量计算规则	工作内容
SC04	软母线	1. 母线型号、规格； 2. 绝缘子串型号、规格； 3. 电压等级； 4. 分裂数、跨距； 5. 截面积	跨/三相	按设计图示数量计算	1. 软母线安装； 2. 绝缘子串安装及单体调试

表 7.9　　　　　　　　　　预算定额中阀厅设备的工作内容

	项目名称	包括的工作内容
阀厅设备	晶闸管整流阀塔安装	阀塔框架的组装、吊装，元件组装，PVDF分支冷却水管组装，导体连接，均压框罩的组装，整体检查，接地，补漆，单体调试
	阀（阀桥）避雷器安装	悬吊绝缘子安装，本体吊装，屏蔽均压环安装，放电计数器安装，拉棒安装，导体连接，接地，补漆，单体调试
	阀厅内接地开关安装	安装底座钻孔，攻丝，组装，本体和机构安装，调整，接地，补漆，单体调试
	高压直流穿墙套管安装	底座核实，穿墙套管吊装，气体监测器安装（含相应管附件），充气，补气，接地，补漆，单体调试
未包括的工作内容		阀厅内管母线及设备连线、支持绝缘子、环网屏蔽铜排安装等

2. 结算调整依据

结合本项目的大数据造价精准管控平台，在计价依据模块中增加清单子项结算调整依据模块，与计价管理模块中的结算管理模块形成联动工作机制。

从实现路径来看，在本模块中制定结算调整依据的上报规则和统一模板，如划分需要调整项和不可调整项，在需要调整项中按照调整标准的不同逐一细分，比如按照面积、体积、长度、宽度、重量等调整。在施工过程中如果遇到设计变更或现场签证需要进行价格调整时，将清单子项的名称输入到结算管理模块中，系统可以自己跳转出计价依据里的计算调整依据，进而快速确定调整规则，提高变更和签证效率。随后联合结算管理的变更签证线上审批模块。构建设计变更签证线上提报和审批模块，制定审批流程和策略，通过PC终端或移动设备终端完成设计变更和现场签证线上提报和线上审核。

新时期电网建设任务对电网智能化运营水平提出更高要求，在"互联网＋电力建设"实施背景下，电网造价管理精益化水平不断推进，加强结算管理中的智能技术应用对于进一步优化输变电工程结算管理具有重要意义。

（1）总价包干子项。以本项目的土石方工程为例，其施工内容见表7.10。结算时规定为总价包干项目，具体规定为：若施工图（或签证）土石方总工程量与招标工程量差异超过 30％，则量差增减超过 30％的部分按合同计价原则调整。原则上，如果在原设计范围内完成施工，则竣工结算时合同价款不予调整。如果出现重大设计变更导致施工内容发生变化，一般情况下，合同中有单价可以参考的，按合同约定执行；没有单价可以参考的，由双方协商后确定；双方协商不成的，参照市场平均价格。

由于本项目措施项目费同样采取的是总价包干计价模式，如果只是按照清单、招标文件和相关规定对措施项目费进行不予调整，势必会使"总价包干"失去意义，并导致发承包商双方的信任程度大大降低。因此，在本项目招标文件中的"费用变化引起的调整"部分中，详细提出了出现工程变更或特征描述不符时的费用调整策略。

针对此项功能，可以为数据平台专门设置总价包干子项并规定若出现重大变更情况下该如何调整，在操作过程中快速查询包干子项出现的调整是否属于范围内变化，目的是保证有据可依，提高工作结算的效率。

表 7.10　　　　　　　　　　　土石方工程扩大工程量清单

序号	项目名称	项目特征	单位	工程量	单价	合价	价格包括内容	结算调整依据
1.1.1	[一般土建]							
1.1.1.1	土石方工程	具体包含以下工作内容	项	1.00			1. 含土方开挖、室内室外回填打夯、原土碾压、场内场外运输及综合考虑二次转运、超挖量部分、检测等全部有关土方工作内容；如回填需要购土，含购土费、场内运输等全部工作内容	总价包干 [如按 2018 版电力建设工程概算定额规则计算的施工图（或签证）土石方总工程量与招标工程量差异超过 30％，则量差增减超过 30％的部分按合同计价原则调整]

（2）结算需调整子项。地下室混凝土墙子项和混凝土地板防水子项见表 7.11，其结算调整依据分别按混凝土（不含垫层）体积调整和按防水面积调整，这说明在施工过程中，若出现与扩大工程量清单中不符的工程量时，招标人允许对该项进行价格调整。

表 7.11　　　　　　　　地下室混凝土墙和混凝土地板防水扩大工程量清单

序号	项目名称	项目特征	单位	工程量	单价	合价	价格包括内容	结算调整依据
1.1.1.3	地下室混凝土墙	防腐（表面涂刷聚合物水泥砂浆厚度≥5mm 或沥青冷底子油两遍，沥青胶泥土层，厚度≥500μm）折算至综合单价 C35 混凝土，抗渗等级为 P8，添加抗裂纤维素纤维 1.25kg/m³	m³	412.00			包含混凝土、压顶、模板、铁件制作安装等全部工作内容	按混凝土（不含垫层）体积调整

序号	项目名称	项目特征	单位	工程量	单价	合价	价格包括内容	结算调整依据
1.1.1.4	混凝土底板防水	底板防水（由上到下）：自流平罩面处理二道＋6～8mm厚水泥基自流平砂浆一道＋涂水泥基自流平专用界面剂两道＋20mm厚1∶2水泥砂浆抹面压光＋钢筋混凝土底板（结构另算）＋10mm厚M10水泥砂浆隔离层＋2mm厚"BAC"自粘防水卷材两层＋20mm厚1∶2.5水泥砂浆找平层＋100mm厚C20混凝土垫层	m²	1537.50			包括防水层铺贴、涂刷、砖模砌筑等全部工作内容	按防水面积调整

基于信息化的大数据平台，可以匹配制定换流站项目的结算调整依据审核月度计划，并配有专业人员进行数据操作、平台维护等工作。明确结算调整依据与真实结算审核的各工作角色并进行在线分配工作任务，更加流畅地从计价依据模块过渡到计价管理模块。该结算调整模块设置统一规范和分类，如工作人员可以快速选择土建工程中地下室区域的混凝土墙子项清单的调整依据，运用智能算法，快速匹配结算管理的选项，进一步规范了后期工程结算资料提报、存储、编辑和交接验收工作。各专业审核人员可通过结算管理平台开展协同工作，工程审核负责人能够跟踪掌握各项工程结算审核任务的执行情况，并最终实现了数据信息共享及审核成果，即结算审核定案表和结算审核意见报告的标准化输出。

随着标准化工作流程的开展，输变电工程结算资料及其审核数据逐渐积累，为巩固输变电工程结算审核标准化管理成效，提炼管理经验反馈于实际工作，促进精准化管理建设，换流站项目在施工前期特别为此提出输变电工程结算调整依据机制并专门构建了对应数据模块作，使得在施工后期进行结算调整时有据可依，快速匹配项目工作人员进行数据平台的相关操作，实现快速、精准完成结算管理工作。

7.3 施工模块精准化

7.3.1 施工模块化精准管控特点

1. 合理调配资源

南通道换流站将施工过程划分为多个模块，其详细的施工流程如图7.5所示。对于单个模块的施工，首先根据施工图纸，确定完成该施工模块所需要的设备、配件、材料、工人、施工机械的种类及数量。然后对材料、配件、设备进行招标采购，进行施工人员招聘和施工机械租赁。待资源调配完成之后，进行模块化施工、模块化验收和模块化造价分析。与传统的方式相比，模块化的方法能够在一定程度上合理调配资源、组织施工，继而减少了工程资源的浪费，提升了整个南通道换流站的经济效益。

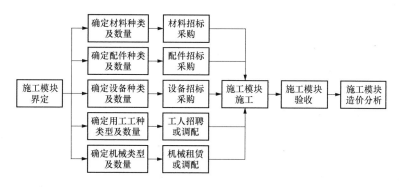

图 7.5　模块化施工流程

2. 优化施工流程

在南通道换流站的施工过程中，将模块化的技术思想融合进流程优化之中，通过界定模块功能之间的输入输出交接口，也就是建立一个共同的"握手点"，使得各方可以专注于完成各自工作，然后将各方工作无缝衔接，精准控制造价。这种方法能够解决既要设置职责的管理边界，又能突破管理边界的矛盾，从而促进和参与方之间的合作。在利用模块化实现流程优化的过程中，流程架构的总体设计包括三个主要步骤：一是"绘制流程地图"，在具体运用中主要指确定整体流程图；二是"确立主干流程"，找到整个流程中的核心流程，将核心流程进行串联；三是"设计握手点"，确定管理边界，协调模块与模块之间的连接，整合各个模块成为一个整体。

7.3.2　施工模块化精准管控原理

1. 模块化施工的闭环管理模式

本工程施工体量大、工期紧，因此在论证施工方案时就应尽可能考虑在更多区域和专业中应用集成模块化施工，运用 BIM 技术深化设计，模拟各施工工序，分析优化各个节点与模块，不断探寻模块化施工在本工程中应用的广度和深度。在装配过程中各部门紧密配合，及时分析模块在组装拼接过程中的质量控制难点、模块设计的合理性、是否便于快捷施工、是否节能降耗等，提出合理化建议并反馈至项目技术部门。技术部门根据这些关键要素重新审查、优化各节点模块，不断汰劣出新，最终形成了如图 7.6 所示的闭环管理模式。在这样的模式下，能有效实现反馈联动，让施工不断得到动态更新，并高效服务于施工全过程。

管理要重点注意两方面：

第一是项目信息的高度集成与共享。换流站模块化施工的整个流程都离不开 BIM 技术的支持，实际上就是施工全过程的建筑信息集成与共享，上一个流程的信息是否满足精度要求决定下一流程是否能顺利实施，下一流程产生的数据又能反馈到上一流程进行数据

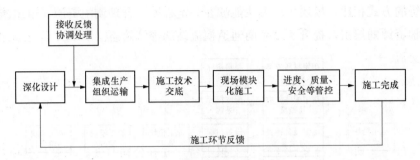

图 7.6　模块化施工的闭环管理

修正，也包括 BIM 模型与现场信息的实时交互。这一理念必须要贯穿于施工管理措施的顶层设计中，才能确保所建立的模型不脱离实际，能随时反映施工现场信息，真正起到方案优化与指导施工的作用。

第二方面是过程控制。集成模块化施工的管控重点之一就是各个关键环节的过程控制。过程控制的重点是每一环节的精度控制，深化模型与现场数据的偏差度、模块切割精度、模块仓储与运输的有序性、吊装规范性等，实时了解不同阶段下模型与实际的数据偏差，控制每一环节的精度在预定范围内，确保模块化装配的顺利实施。

2. 技术应用及其交流与研讨机制

南通道换流站采用基于 BIM 综合管理平台的理念，尝试构建平台进行施工全过程模拟与管理。但当前 BIM 模型与平台时间信息对接困难，模型与平台无法实现双向数据传递，因此项目主要使用 BIM 综合管理平台进行模型和图纸管理。但构建 BIM 综合管理平台的思路有着开创性意义，将是 BIM 技术的重要发展方向之一。

相关插件的开发也是 BIM 技术应用方面的一个创新。在这些插件的支持下，完成了模块化施工从工程量与材料准备、模块切割与装配等方面的模拟，并生成构配件预制加工图，大大地提高了模型的工程指导作用。

考虑到项目技术的复杂性，而且极少有经验可供借鉴，项目部积极探索新技术与新方法的实施，逐步形成了完善的项目内部技术交流及研讨机制，确保施工方案的顺利实施。主要如下：

（1）周例会：项目部每周组织技术质量周例会，各部门对存在的技术问题进行交流、研讨，协调解决工程技术问题。

（2）专题研讨会：在图纸会审、施工组织设计、专项施工方案、四新技术规划阶段，项目部组织专题研讨会，进行单项技术攻关。主要包括以下内容：

①图纸会审研讨：结构、建筑功能；统一建筑做法；设计节点优化。

②施工组织设计、方案研讨：对施工工序、施工措施可行性和施工节点做法进行研讨，集思广益，选择最优方案。

③"四新"技术研讨：根据项目特点及公司管理制度，研讨本项目拟采取的新材料、新设备、新工艺、新技术。

（3）每周一讲：建立每周一讲制度，项目组织所有管理人员每周举行一次内部讲课，编制讲课学习计划，主讲人为项目各管理人员，主要涉及规范、图集、工艺流程及做法，进行内部交流。

（4）技术总结：在每个分部工程结束后，由技术部组织对已实施的工程进行回顾及总结。

（5）项目通过建立大数据平台，确保技术信息的沟通、交流及宣传工作，资料工程师完善内外部信息的收集、整理。

（6）与公司互动：及时将技术信息上报平台，并在公司月度、季度检查项目过程中，积极与公司沟通。

7.3.3　案例分析

1．"三通一平"

（1）施工总体规划。

1）施工方案核心技术及其确定。南通道换流站属于广东电网第一个换流站建设项目，对于其造价指标、招标项目及对其造价如何管理，还无具体案例。如何按质按量按期完成各项施工任务，并达到相关管理目标和创优目标，是树立良好的企业形象的重要契机。如前所述，项目工期紧张、"三通一平"工程内容多、交叉作业多，投入的设备、人员多，因此合理规划南通道"三通一平"工程的施工流程，是确保按期完工的重点。软基处理、土方开挖、回填、石方爆破等分项工程的施工必须密切配合和精心施工，减少相互间的影响。回填土石方时，要确保施工的完整性和连续性。

本工程采用模块化施工方式，将模块化的技术思想融合进流程优化之中，对施工流程进行了优化，将"三通一平"的工程分片区进行作业面交接，实现各项工作无缝衔接。基于"三通一平"的施工内容，将其分为五个施工段，由五个施工队分别进行该工程的建设。由于南通道换流站是三边工程，必然存在设计深度不足的问题，在模块化施工过程中，可将现场施工的实际情况反馈到设计中，深化设计，形成模块化施工的闭环管理模式。

同时，"三通一平"工程分片区进行作业面交接，其交接点是流程优化的关键，可解决管理职责边界的问题。"三通一平"与土建施工接口首先在于场地平整，土地平整工作由"三通一平"施工单位承担，直至达到"三通一平"初平标高。基坑开挖的余土回填及场地精平由土建施工单位完成。其次在于地基处理，站区排水固结、站内外道路及电缆沟的搅拌桩、站前区高压旋喷桩由"三通一平"施工单位负责，站区主体结构桩基（及其弃渣）、地基换填，基坑支护等地基处理施工由土建施工单位负责。最后在于土石方的处理，场地平整阶段的土石方均由"三通一平"施工单位处理，土建施工时基坑开挖的土石方应由土建施工单位处理。

2）施工力量配置及项目分工。根据工期要求，充分考虑本工程的工程量、施工难度等情况，精心组织，合理安排。公司投入五个施工队进行本工程的施工，各施工队分工详见表7.12。

表 7.12   各 施 工 队 分 工 表

施工队	负责施工项目
土建一队	第一区淤泥外运、渣土外运、外购回填砂回填、外购中粗砂回填、外购土方回填,第一施工段分包商项目部(含项目部办公家具及办公设备等)及宿舍等临建的搭设
土建二队	第二区淤泥外运、渣土外运、外购回填砂回填及碾压、外购中粗砂回填及碾压、外购土方回填及碾压、淤泥消纳费、渣土消纳费、临时围墙,第二施工段分包商项目部(含项目部办公家具及办公设备等)及宿舍等临建的搭设
土建三队	外购土方回填及碾压 58 830m³,第三施工段分包商项目部(含项目部办公家具及办公设备等)及宿舍等临建的搭设
土建四队	场内及围墙外深层水泥搅拌桩(预制管桩等),包括进站路水泥搅拌桩、站外道路,第四施工段分包商项目部(含项目部办公家具及办公设备等)及宿舍等临建的搭设
土建五队	止水帷幕及场外部分水泥搅拌桩(预制管桩等)(含部分高压旋喷桩和站外临时堆场 2650 条和露天堆场 1849 条水泥搅拌桩)、所有桩型的试桩费用、围墙管桩、堆载预压排水固结、站外水源、围墙的基础及地梁、全站沉降观测点、集中办公区,第五施工段分包商项目部(含项目部办公家具及办公设备等)及宿舍等临建的搭设

(2)土石方开挖。根据设计图纸,本项目按 6m 高差设置马道,边坡土方开挖从上至下分台阶分段开挖,土方开挖分层高度以 4m 每层控制,每开挖一层及时进行边坡防护和排水施工,上一层防护完成,下一层开挖才能开始作业。边坡放坡坡率按设计要求执行,设计无要求的根据地质情况按相关规范确定。

1)土方开挖。土方开挖采用 1.4~1.9m³ 挖掘机开挖,需要 2 台挖掘机或 3m³ 装载机装渣,20t 自卸车运输至临时存渣场或弃渣场。边坡预留 50cm 保护层,人工配合 0.8m³ 挖掘机修坡,保证边坡平顺、美观。土方开挖的施工工艺流程如图 7.7 所示。

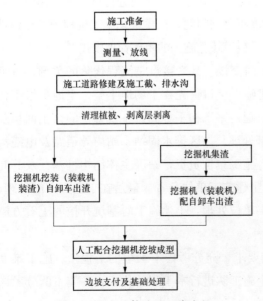

图 7.7 土方开挖施工工艺流程

a. 施工准备。边坡风、水、电就绪,施工人员、施工设备准备就位。

b. 测量放线。

(a)广能发接到监理提供的施工控制点后,首先在监理的指导下进行控制点的复测,并将复测成果报监理审核批准后进行施工测量。必要时将增加施工控制点。

(b)对施工区内原始地形进行测量,绘制出可供施工使用的断面图,并核算出工程量,报监理审核。

(c)依据复测成果,放出开挖区的上开口线提供给施工单位进行清理植被,并清坡。

(d)根据施工需要进行开挖边坡放样,

检查边坡开挖体形，并完成开挖边坡的竣工断面图、平面图，同时完成工程量的计算。

（e）为工程施工提供必要的控制点，以便放样和施工人员控制施工边线的几何尺寸。

（f）采用激光测距仪进行控制测量，采用全站仪、水准仪进行测量放样。

c. 边坡清理及排水系统修筑。根据测量放出的开挖开口线，向外延伸至少5m进行边坡植被清理；挖出边线外侧3m距离的树根；对开口线以上进行全面检查，是否有松动浮石。对边线以外的上部浮石及不稳定体进行清除，解除安全隐患。有必要时在监理认可的前提下可进行加固处理。

在边坡清理的同时视情况及时完成开挖区顶部截、排水沟等排水系统的修筑，以控制坡面流水损坏开挖边坡造成新的安全隐患。

边坡清理的废渣应及时运至指定的弃渣场，对清除有用木材等有利用价值的在监理指示下运至指定地点。

d. 开挖措施。

（a）土方开挖按施工图纸所示或监理人的指示进行开挖。开挖从上至下分层分段依次进行，严禁自下而上或采取倒悬的开挖方法。

（b）对于工程量较集中的土方开挖，直接用挖掘机装自卸车，对于覆盖层较薄的地段采用挖掘机翻渣至集渣平台，再用挖掘机装自卸车运至指定渣场。

（c）该表层开挖时段安排在相应的梯段开挖前完成。

（d）土方边坡按设计坡比开挖，预留50cm修坡余量，用人工修整并使之满足施工图纸要求的坡度和平整度。

（e）边坡外侧及沟槽土方用挖掘机直接挖装，人工配合进行修坡成型及基础处理。

e. 边坡安全的应急措施。土方明挖过程中，如出现裂缝或滑动迹象时，立即暂停施工，将人员设备尽快撤离工作面，视边坡开裂程度采取不同的应急措施，并通知监理工程师，必要时设置观测点，及时观测边坡变化情况，并做好记录。

2）石方开挖。石方开挖采用爆破法或机械直接开挖，轻型潜孔钻钻凿预裂孔和液压钻机、手风钻造孔钻造爆破孔，人工装药，梯段深孔预裂爆破，$1.4 \sim 1.9 m^3$ 挖掘机集装渣，20t自卸车运输至填方区域或临时存渣场。石方开挖的施工工艺流程如图7.8所示。

a. 施工准备。边坡风、水、电就绪，施工人员、设备准备就位。

b. 场地清理。覆盖层开挖结束后，首先采用手风钻钻爆对临空面进行整形，以减少梯段爆破底盘抵抗线；每层开挖前采用挖掘机平整工作面。

c. 危岩处理。人工配合挖掘机对已开挖坡面进行修坡及危岩处理。

d. 测量放线。由测量工放出开挖边线，核实开挖断面。然后测量定出孔位。

e. 锁口锚固。开挖边坡的支护在分层开挖过程中逐层进行，征得监理人同意再进行下层开挖。

f. 预裂爆破。与预裂面相邻的松动爆破孔，严格控制其爆破参数，避免对保留岩体造成破坏，或使其间留下不应有的岩体而造成施工困难。

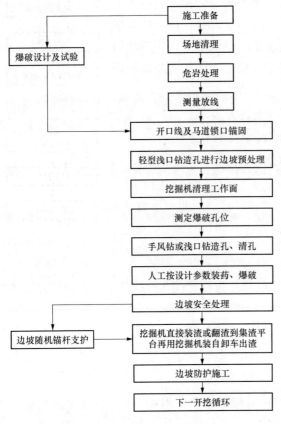

图 7.8　土方开挖施工工艺流程

（a）钻孔作业设计边坡面的预裂孔上部短台阶采用手风钻钻孔，下部采用 KQJ-100B 轻型潜孔钻造孔为主，超前于主爆区进行预裂爆破。钻孔过程中，专人对钻孔的质量及孔网参数按照作业指导书的要求进行检查，如发现钻孔质量不合格及孔网参数不符合要求，立即进行返工，直至满足钻孔要求。

钻孔质量控制标准如下：

钻孔方向与设计方向一致，钻孔倾角与方位偏差不得大于±1.5%孔深；

孔位偏差不得大于5%孔距；

终孔的高程偏差不得大于±5cm。

（b）装药、联线、起爆。开挖应自上而下进行，分梯段开挖，垂直边坡梯段高度不大于6m，距离预裂面5m范围内为缓冲爆破区，临近预裂面一排孔为缓冲爆破孔，装药量为主爆破孔的1/2~1/3。为提高爆破效率、降低成本，梯段采用大孔距、小抵抗线的孔间微差挤压爆破。

主爆破孔、缓冲爆破孔均采用卷状乳化炸药，毫秒微差起爆网络，非电毫秒雷管连网，火雷管起爆，塑料导爆索传爆，施工预裂提前于相应梯段爆破100ms以上起爆。

（c）支护、安全处理。随着开挖高程下降，及时对坡面进行测量检查以防止偏离设计开挖线，避免在形成高边坡后再进行处理。开挖边坡的防护在分层开挖过程中逐层进行，上层初期防护完成后，才进行下层开挖支护。

（d）出渣。采用挖掘机配自卸汽车运至回填区域或者指定渣场，装载机配合装渣。

（3）土石方回填。为保证"三通一平"工程质量，土石方回填采用挖掘机或装载机装料，20t自卸车运输至回填区，人工配合推土机摊铺整平，20t振动碾分层碾压8~10遍，振动碾压行进速度不大于2km/h，施工前可根据压实机械的不同对分层回填碾压的每层铺填厚度、压实遍数进行试验，填土控制含水量为最优含水量（正负偏差不大于2%），挖填交界区域采用小型夯实机夯实。土石方回填的施工工艺流程如图7.9所示。

1）基底清理。场地平整前应砍伐场地范围内树木，拆除场地及进站道路范围内已征用的房屋、棚房等建构筑物，抽干沟（塘、洼地）积水及清淤、清表（清表厚度按0.3m计算），清表需植土分离。场地内所有树根（含地下）需清除干净，植土分离后的草树根

96

系及垃圾等弃渣外运处置，植土分离后的虚土回填至场地。清淤厚度按实际计算，淤泥晾晒后全部分摊至回填区夯填或分层碾压。严禁用带有杂草、树根、腐殖质土、淤泥、有机杂质、垃圾的土用作场地回填土。施工前应考虑清表临时堆放场进行草树根系，建构筑物垃圾等渣土分离和淤泥翻晒以及晒干的淤泥，清渣后的地表土二次运输。

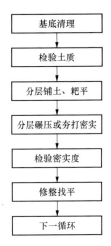

图 7.9　土石方回填施工工艺流程图

2）检验土质。本工程回填填料要求：土石方要求有组织合理分片区开挖，以保证回填石料均匀。站区填料中块石最大粒径不大于300mm，其中粒径大于200mm的颗粒体积含量不宜超过总量的20%。边坡填料中块石最大粒径不大于200mm。块石粒径较大时，应采用二次破碎，所以回填要求级配合理，不均匀系数 $C_u > 5$，曲率系数 $3 > C_c > 1$。进场检验回填土料的种类、粒径，有无杂物，是否符合规定，以及土料的含水量是否在控制范围内；如含水量偏高，可采用翻晾晒或均匀掺入干土等措施；如遇填料含水量偏低，可采用预先洒水润湿等措施。

3）分层铺土、耙平。站区填方拟采用土石均匀混合分层回填，分层回填深度每层0.5m，压实系数不小于0.90。站区边坡及强夯过渡区（最上一层强夯边界至边坡坡顶之间范围）分层碾压厚度0.25m，要求压实系数不小于0.94，进站道路填方路堤分层2.5～3.0m，阶高1.0～1.5m，防止压实填土沿坡面方向滑移。

填土应分层铺摊。每层铺土的厚度应根据土质、密实度要求和机具性能，通过试验确定。

站区强夯施工区回填采用分层堆填施工，初拟每层虚铺厚度按设计要求，用推土机推平。填方边坡采用分层碾压，分层厚度按300mm控制。

回填用石方粒径不大于300mm，否则应人工破碎。

4）分层碾压或夯打密实。

a. 碾压机械压实填方时，应控制行驶速度，一般规定平碾不应超过2km/h；振动碾不应超过2km/h。

b. 碾压时，轮（夯）迹应相互搭接，防止漏压或漏夯。长宽比较大时，填土应分段进行。每层接缝处应做成斜坡形。

c. 填方超出基底表面时，应保证边缘部位的压实质量。

d. 在机械施工碾压不到的填土部位，用蛙式或柴油打夯机分层夯打密实。

e. 站区强夯施工区回填采用20t振动碾压机械碾压8～10遍，振动频率不小于30Hz，激振力不小于260kN。压实系数不小于0.94。

5）检验密实度。质量检验也必须随施工进程分层进行，回填土施工质量必须严格监理监测，每层土满足设计要求后，方可进行下一层土的回填，一般100～500m² 内应有一个检验点，检验其干密度、含水量及压实系数。

6）修整找平。填方全部完成后，表面应进行修整找平，满足设计要求。

2. A 包阀厅钢结构安装

（1）总体施工方案。南粤直流背靠背换流站新建工程阀厅建筑钢结构安全等级为一级，钢结构抗震等级为三级，耐火等级二级，因此其施工要求较高。由于集成模块化能够大大提升工作效率，减少现场作业面和交叉作业，有效控制构配件质量，可以很好地解决南通道换流站工期紧、要求高，施工场地受限等因素带来的不利影响。因此，本工程需要采用模块化的方式对格构柱和钢梁进行组装、焊接、吊装，实现高效拼接，其施工工艺流程如图 7.10 所示。

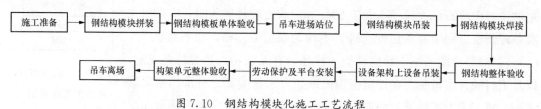

图 7.10　钢结构模块化施工工艺流程

同时结合 BIM 建模，运用可视化技术模拟施工过程，优化 A 包阀厅钢结构安装的流程。其具体过程如下：

首先，项目 BIM 人员根据施工图纸建立的 BIM 模型，利用 3D 扫描仪获取现场土建点云模型并导入 BIM 模型，然后根据现场梁柱实际几何尺寸以及设备更新信息完成模型调整，同时将该模型及相关平、剖、大样图上报至业主、监理、设计方，完成 BIM 深化设计确认。

在得到设计、监理、业主等各方确认后，BIM 人员利用中建安装支吊架布置系统完成支吊架的计算布置，同时导入比目云造价插件完成工程量的提取及材料计划的提取，报送材料员完成材料的下料生产。利用智能化定尺切割插件完成模型的模块切割，对 A 包阀厅内柱梁钢结构进行分片分区施工，其钢柱布置示意图如图 7.11 所示，主要划分为 A 轴、E 轴、1 轴、7 轴、13 轴 5 个区域，每个区域内的钢结构吊装、焊接、防腐依次进行。

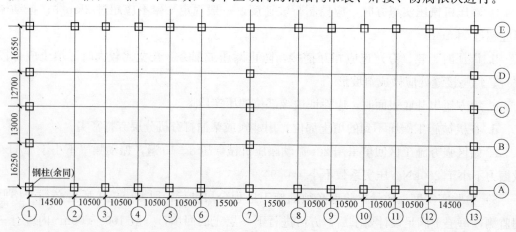

图 7.11　阀厅钢柱布置示意图

其中，吊装阀厅钢构件的顺序如图 7.12 所示。

第一阶段：E 轴桁架梁柱、柱间支撑（由 7 到 13）→13 轴桁架梁柱、柱间支撑（由 E 到 A）→A 轴桁架梁柱、柱间支撑（由 13 到 7）→⑦轴桁架梁柱、柱间支撑（由 A 到 E）。

第二阶段：E 轴桁架梁柱、柱间支撑（由 7 到 1）→1 轴桁架梁柱、柱间支撑（由 E 到 A）→A 轴桁架梁柱、柱间支撑（由 1 到 13）。

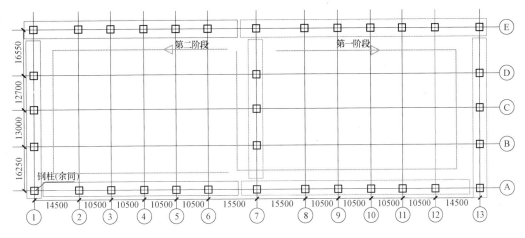

图 7.12　阀厅钢构件吊装顺序示意图

（2）钢结构组合。

1）组合架搭设。组合件组合应在稳定的组合架上进行。对本项目钢桁架分段到货的构件需要在现场将散件构件组装成整件吊装，组合架可用工字钢或槽钢制作框架，并利用水平仪找正；组合场地基应平整、夯实，组合架应找平并连接牢固。

2）钢桁架柱对接组合。

a. 本项目钢桁架柱各自组合成整体作为一个模块进行安装。在进行组合时，首先在组合架上放出整根立柱组合件的大样。立柱组合时，先在立柱上划出＋1.000m 标高线、各段柱头左右纵横中心线，1m 标高点以柱顶面的标高确定，复核整根立柱的几何尺寸，调整焊接顺序和预留焊缝收缩间隙，防止焊接变形。

b. 立柱组合时桁架主弦杆先对接，对接须安装内衬管，复核组合安装尺寸无误后进行对接焊缝的焊接，焊工对称均匀布置并同步焊接。

c. 主弦杆组合完成后进行对接跨腹杆的安装，根据放样图安装就位后进行节点焊接。

d. 桁架柱组装完成后对对接焊缝进行无损检测，检测合格后即可准备安装。

e. 钢桁架组合完成后，做好吊装前准备，在组合件连接节点处布置吊装钢丝绳、揽风绳。在桁架柱搭设临时上下直爬梯。布置安全绳、钢跳板、顶护栏等安全作业设施。

3）钢桁架梁对接组合。

a. 根据安装方案，各吊装单元钢梁吊装前均需在现场地面组装成整件。桁架梁组合前将组合架调平并复查标高尺寸等，符合要求后将需组合的桁架分段吊装至组合架上。

b. 将桁架梁的主弦杆利用内衬管组合就位，并点焊后复核整体尺寸，复核无误后进行对接焊缝的焊接，焊工对称均匀布置并同步焊接。

c. 主弦杆组合完成后进行对接跨腹杆的安装，根据放样图安装就位后进行节点焊接。

d. 柱桁架组装完成后对对接焊缝进行无损检测，检测合格后即可准备安装。

e. 直支撑较少的组件，应进行临时加固，以免吊装时产生变形。

（3）钢结构吊装。格构柱吊装，1台120t汽车吊为主吊，1台50t汽车吊配合抬吊。吊装到位后，柱四面用揽风绳拉紧固定。用经纬仪检测立柱的垂直度，调整揽风绳。钢梁和钢支撑用120t汽车吊吊装到位。

汽车起重机支腿选取在较硬地基处，地面杂物清理干净，支腿下铺两层道木，保证地基承载能力满足起重机吊装要求。在软地基处，铺设16mm厚钢板，以增加汽车起重机支腿承载能力。

1）格构柱的安装。

a. 阀厅内清理干净，设备基础做防护，检查吊车行走路线上地面是否符合吊车吊装要求。

b. 格构柱、柱间支撑、钢梁按下图所示依次吊装，如下：

（a）第一阶段，从7E钢柱开始安装，再安装8E钢柱，安装7E-8E之间的钢梁及柱间支撑；依次安装9E钢柱，安装8E-9E之间的钢梁及柱间支撑；依上图示路线类推，直到安装完7D-7E之间的钢梁及柱间支撑。

（b）第二阶段，从6E钢柱开始安装，安装方法同上一条。

c. 检查每根桁架柱上端四周应用搭设临时平台和栏杆，和铺好的脚手板，以及柱顶挂四根缆风绳，并搭设上下直爬梯，设置安全绳和攀登自锁器。确认无误后即可准备吊装工作。

d. 桁架柱采用120t汽车吊进行吊装就位，50t汽车吊辅助吊装。

e. 对准螺栓眼，将立柱就位，拧紧螺母。

f. 用经纬仪测量立柱相邻两面的垂直度，调整缆风绳。

g. 待立柱垂直度符合标准要求后，利用手拉葫芦固定缆风绳。揽风绳设置在立柱对称的四个方向上，与地面的角度应在30°～45°，并根据现场情况固定在牢固的结构上。现场无结构固定缆风绳时，设地锚固定，地锚重量不小于10t。

2）钢梁、柱间支撑安装。

a. 立柱安装结束后，测量立柱之间的间距和立柱垂直度符合标准后，即可进行钢梁、柱间支撑安装。

b. +10.050m、+20.000m钢梁、柱间支撑在地面确认与安装位置相吻合。

c. 利用120t汽车吊，吊车站位在阀厅的内侧，吊装相邻两柱间钢梁、柱间支撑，吊装应在格构柱就位、调校后即刻进行。

d. 四面体形框架钢梁采用4点起吊，吊点设在离钢梁端头1/4处，钢丝绳与构件接触面采用保护材料进行隔离，起吊时调整起吊点至钢梁处于水平状态，如图7.13所示。

e. 吊装到位后,将桁架梁的主弦杆与格构柱上横杆利用内衬管安装就位,并点焊后复核整体尺寸,复核无误后进行对接焊缝的焊接,焊工对称均匀布置并同步焊接。

f. 依次吊装柱间支撑。柱间支撑在高强螺栓终拧后,还需按设计要求对连接板周边进行焊接,焊缝形式为角焊缝,焊脚尺寸 12mm。

3. A 包阀厅网架结构安装

(1) 网架安装总流程。本工程中,阀厅屋面网架最大

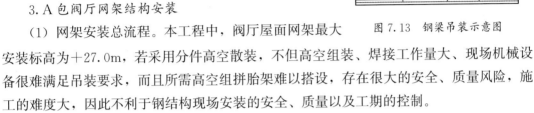

图 7.13　钢梁吊装示意图

安装标高为＋27.0m,若采用分件高空散装,不但高空组装、焊接工作量大、现场机械设备很难满足吊装要求,而且所需高空组拼胎架难以搭设,存在很大的安全、质量风险,施工的难度大,因此不利于钢结构现场安装的安全、质量以及工期的控制。

根据以往类似工程的成功经验,本工程将结构在安装位置的正下方地面上拼装成整体模块后,利用"超大型构件液压同步提升技术"将其整体提升到位,将大大降低安装施工难度,于质量、安全、工期和施工成本控制等均有利。其模块化施工流程同钢结构,并运用 BIM 可视化技术对施工流程进行了优化。

首先,BIM 模型共进行了三次绘制,第一次是 BIM 技术人员根据设计蓝图、部件尺寸等完成模型的绘制。第二次是在第一次的基础上进行模型深化设计,综合考虑整个施工区域的空间布局,对各个区域进行剖析分解。第三次则是技术人员将设备就位安装后的实际位置与尺寸等信息,反馈给 BIM 模型后所作的调整,保证整个模型的精度,确保模型与交付使用工程信息完全一致。

其次是支吊架选型及布置运用支吊架布置插件自动计算支吊架荷载,并给出符合支吊架稳定性和强度的支架型号。按照模块吊装的先后顺序,对支架进行编码,输出支架平面图及支架详图。

然后是工程量以及材料计划的提取,通过比目云造价插件读取 BIM 深化模型中的工程量信息,根据清单规范实时生成指定区域指定专业量、价、模型一体化成本信息,完成工程量的提取和材料计划的提取,并报送材料员完成材料的下料生产。

最后是模块组装,施工作业开始前,组织所有技术人员和施工人员对网架结构是模块组装的施工策划方案、施工技术交底,由技术人员和安全人员交代网架结构模块安装作业任务,对模块安装施工布置、技术要点、安装隐患、文明施工等作出指示。按照 BIM 装配图进行网结构拼接,依次按照施工编号,模块区域进行吊装施工作业。

因此,网架结构的安装运用模块化和 BIM 的方法,最后确定的总施工流程为阀厅筏板基础→测量放线→设置混凝土支墩→下弦球定位放线→提升单元地面组合焊接(含下吊梁安装)→提升前检查验收→提升单元整体提升→后装杆件空中对接安装→整体就位→液压装置拆除→钢架完善(焊接、节点油漆等)→整体验收,如图 7.14 所示。

(2) 网架拼装。

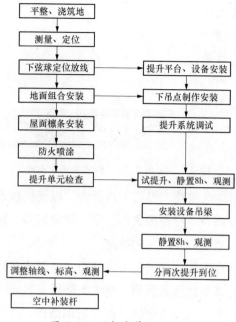

图 7.14　网架安装施工流程

1）提升网架在＋0.000m 地面进行拼装，拼装前对地面进行回填平整并夯实，在球节点底部位置应设置坚硬的混凝土支墩，并利用水平仪进行找平。拼装前所有作业人员经安全培训和技术交底，并配备双背双钩安全带。

2）网架拼装利用 25t 汽车吊配合，换流单元 1（狮洋侧）按照从 4 轴线位置开始组装，并同步向两侧 1 轴与 7 轴方向进行逐跨倒退拼装，换流单元 1（沙角侧）按照从 10 轴线位置开始组装，并同步向两侧 7 轴与 13 轴方向进行逐跨倒退拼装部件，如图 7.15 所示。

组合时应严格按照图纸编号及设备标号进行组合。组合前先散件组合成锥形体，其具体组合顺序如图 7.16 所示，然后用吊车吊装锥形体进行整体组装。

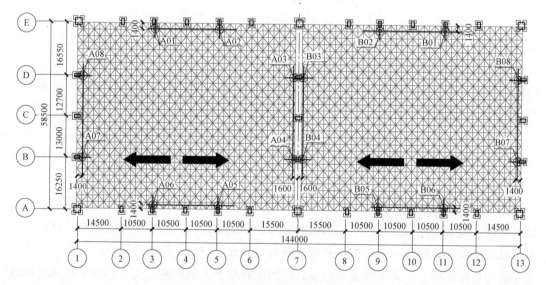

图 7.15　阀厅网架拼装施工顺序示意图

3）网架地面拼装时，焊接球节点在与杆件安装时先进行分段焊固定，待组装尺寸复核无误后即可满焊。组装和焊接前根据现场实际情况须制作 10～20 副人员作业简易平台，焊接人员需佩戴安全带，现场适当设置安全监护人监护。

4）提升单元地面组装时考虑将屋面檩托、檩条、轨道梁等所有钢结构附件全部地面组装在提升单元上。

5）提升单元地面组装完成后进行提升前的全面检查，主要检查焊接球节点焊接质量。须全面检查达标后即可具备提升作业的条件。

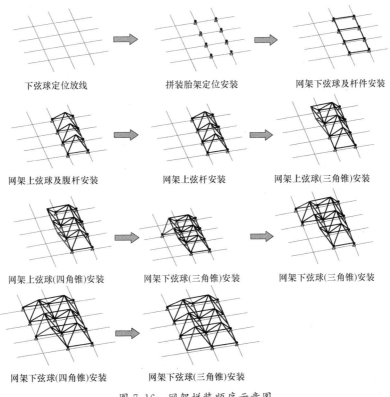

图 7.16　网架拼装顺序示意图

（3）网架提升。

1）在地面拼装网架提升单元，在格构柱和联系桁架顶部设置提升平台，在提升单元与上吊点对应的位置安装提升下吊点临时管，安装液压提升系统，如图 7.17 所示。

本项目使用液压同步提升施工技术，采用传感监测和计算机集中控制，通过数据反馈和控制指令传递，可全自动实现同步动作、负载均衡、姿态矫正、应力控制、操作闭锁、过程显示和故障报警等多种功能。该系统采用 CAN 总线控制，以及从主控制器到液压提升器的三级控制，实现了对系统中每一个液压提升器的独立实时监控和调整，从而使得

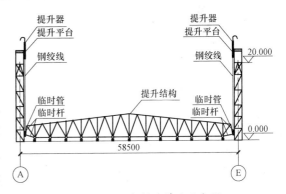

图 7.17　网架提升单元示意图

液压同步提升过程的同步控制精度更高，实时性更好。

2）调试液压提升系统，确认无异常情况后，进行试提 200mm，静置 8h，监测挠度。

3）试提无问题后，安装设备吊梁及转换梁，监测挠度，检查网架并复拧。

4）安装吊车梁，静置 8h，监测挠度。

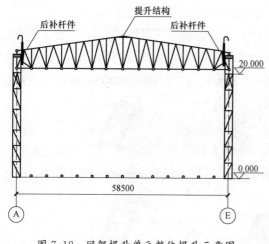

图 7.18　网架提升单元整体提升示意图

5）对下吊梁及吊车梁进行验收，并确认各个系统无误后开始正式提升，将提升单元整体提升到位，如图 7.18 所示。操作人员可在中央控制室通过液压同步计算机控制系统人机界面进行液压提升过程及相关数据的观察和（或）控制指令的发布。通过计算机人机界面的操作，可以实现自动控制、顺控（单行程动作）、手动控制以及单台提升器的点动操作，从而达到提升单元整体提升安装工艺中所需要的同步提升、空中姿态调整、单点毫米级微调等特殊要求。

6）补装网架后装杆件，结构形成整体受力后，液压提升器顺序卸载，拆除提升设备及临时措施，提升作业完成。

7.4　设计变更、签证管理精准化

7.4.1　精准造价管控下的设计变更与签证管理特点

结合广东电网制定的《基建项目造价精准管控工作方案（2022 年版）》，为合理控制基建项目工程成本，严控换流站实施过程中工程造价虚高，得出当前精准管控设计变更与工程签证工作的管理特点。

1. 设计变更管理

（1）审批层级性。南通道换流站中设计变更管理要求具有审批层级性。工作方案中明确设计变更的分层分级管理模式，严格执行设计变更"先审批、后实施"的原则，计算设计变更费用时，原则上只计列本体费用、措施费，以及按合同约定发生的征地和青赔费用。

建设单位结合本工程项目的实际情况来灵活构建设计变更审批制度，逐步形成从接收设计变更、制定处理措施到指导现场施工的一套完整成熟的多层级管理体系，及时执行变更、跟踪变更，形成施工与设计的联动，确保设计变更与现场工程进展相匹配，将变更对换流站施工现场的影响降到最低。

（2）变更及时性。清晰的管理权责是确保设计变更及时性的基础。设计变更管理体系、程序的制定应结合南通道换流站特点，完整规划设计变更的全流程中各阶段管理工作内容及分工，如变更发布前的编、校、审、批、分发，发布后的文件管理、实施、验证，以及数据统计、监督检查等工作。业主项目部、设计单位、工程管理单位、承包商等了解各自职责，并通过完善组织间信息沟通平台使得管理流程清晰、畅通、高效。

（3）依据精准性。南通道换流站施工期间对于出现设计变更问题，需要依据变更管理规范进行设计变更内容的审核，明确变更是否合理以及可能造成的影响，确保换流站工程项目监督与管理责任顺利执行，同时也便于换流站工程项目造价精准管控工作的开展。

此外，造价控制人员也充分利用信息化手段。通过精确的 BIM 三维模型自动生成的造价清单，伴随由设计主导的 BIM 模型修改，造价工程量清单也会自动随之变化，可以及时提供给造价团队实时测算，为设计变更快速地提供精准造价依据，从而决定换流站工程各阶段的方案。

2. 工程签证管理

（1）制度合理性。南通道换流站对于各项签证的合理性体现在，由于竣工图无法计算工程量的非工程实体项目或甲方要求改变工艺导致费用增加才能使用工程签证，禁止通过签证改变招标范围或计算合同范围内实体工程量。因此，从制度上不仅对签证意见要求必须规范化，还要设有严格的签证监察管理制度，以确保工程签证的合理性。

（2）审批准确性。为保证现场签证的准确性，应重点关注审批程序是否完善，现场实际的施工情况是否按图纸内容全部施工，是否有未完成的内容，是否有材料规格、型号或尺寸的改变，是否有施工内容的改变等。同时，及时跟踪现场情况，预留事前、事中、事后音像资料，并做好记录。现场跟踪目的是为南通道换流站今后的竣工结算提供依据，特别是隐蔽工程，要全面做好（与工程费用相关的）隐蔽前的记录。

此外，所有工程签证单必须使用规定表格填写，当工程签证完工后，工程量确认必须有相关单位的共同签字，否则一律无效。如属隐蔽工程，必须在其覆盖前签字确认，签证单中必须附覆盖前后的照片。

（3）汇报及时性。南通道换流站对现场签证及其补充预算实行严格的时间限制，严禁过后补办。相关单位必须在合同约定的日期内报送所发生的签证单，同时必须在报送签证单时附上预算，相关责任单位也应及时审核上报的预算，以保证工程签证的及时性。

7.4.2 管理工作原理

1. 责任矩阵的构建与划分

（1）责任矩阵示意表（见表 7-13）。

表 7.13　　　　　　　　　　　责任矩阵示意表

实施单位	施工阶段造价管理			
	具体施工区段			
	设计变更与签证管理			
	审核变更造价清单	修改工程量	修改工程预算	汇总变更造价清单
业主项目部				

实施单位		施工阶段造价管理			
		具体施工区段			
		设计变更与签证管理			
		审核变更造价清单	修改工程量	修改工程预算	汇总变更造价清单
建设单位	基建管理部门				
	规划设计部门				
	项目前期管理部门				
	安全质量管理部门				
	生产技术管理部门				
	财务管理部门				
	审计管理部门				
设计单位					
监理单位					
施工单位	施工管理部				
	技术质量部				

（2）职能分配。

1）业主项目部。业主项目部对项目全面负责，并负责对外沟通等工作。

a. 负责汇总各方提出的设计变更申请并组织监理、全过程造价咨询单位进行判断研究，评估设计变更对进度、质量的影响。

b. 负责设计变更的执行和监督。

c. 负责确认现场设计变更实施情况。

d. 负责汇总设计变更预算并上报公司计划财务部。

e. 处理其他涉及有关事宜。

2）规划设计部。统筹负责项目的所有设计工作，负责从修建性详细规划至施工图所有阶段的图纸设计工作。

a. 负责牵头组织设计单位对各项设计变更的技术可行性进行研究，复核变更规范是否冲突。

b. 负责组织各部门对变更事项进行讨论。

c. 必要时针对变更事项组织专家咨询论证会。

d. 负责所有设计变更图纸的签收与下发项目管理部。

3）合同造价部门。牵头组织全过程造价咨询单位审核变更的工程量及价款变化，制定与管理设计变更相关表格，负责合同履约情况的检查等工作。

a. 负责设计变更和签证相关经济费用的测算和审核。

b. 参与变更事项的讨论并发表意见。

c. 针对变更事项给予合同履约情况的意见。

d. 负责牵头对设计变更中涉及的材料的质量和价格进行签认。

e. 负责工程预付款、材料款、进度款等结算费用的审核、签认工作。

f. 总结设计变更的原因和类型，为后续项目总结经验。

4）财务部：负责确认因设计变更和现场签证引起的合同确认费用的变更。

5）审计部。

a. 负责监督设计变更和现场签证审查会议过程。

b. 负责审核设计变更和现场签证程序的合规性和合法性。

c. 为设计变更及现场签证提供法律技术支持，并对相关程序进行审查、监督。

d. 负责设计变更和现场签证的归档备案。

e. 负责监督公司设计变更管理措施的实施。

f. 负责因设计变更及现场签证引发纠纷的仲裁及诉讼。

6）基建部：负责审核设计变更和现场签证是否满足后续运行要求和客户要求，并负责监督设计变更和现场签证流程。

7）项目前期部：负责土地及前期报批报建工作，参与设计变更全过程，针对行政审批有影响的设计变更，及时提出审批意见，并负责变更后的前期要件的变更办理，如室内建筑平面的调整，需办理完善工程规划许可附图变更手续等。

8）安全质量部：负责监督建设项目的进度、质量、安全，在设计变更审批及实施环节，提前参与设计变更讨论与决策，提出意见；对不满足安全要求的设计变更具有否决权，在设计变更实施过程中督促项目部进行质量、进度、安全的整改，保障项目健康发展。

9）监理单位：督促所有参与单位严格按照变更流程进行变更，确认并测量变更完成的数量；协助项目管理部收集与变更实施过程相关的现场数据。

a. 负责验证变更原因的真实性和必要性，并收集相关支持材料。

b. 对于未经批准先行实施的设计变更，应视为无效变更，影响使用功能时，要求施工单位按原图返工处理。

2. 参建方协调管理机制

（1）信息沟通机制。良好的沟通可以带来更高的质量、更低的成本，得到更好的成果。但是，由于在以往设计变更阶段造价管控活动中，项目各相关方往往以自身利益最大化为目标，关注更多的是各自的经济利益，导致在项目设计变更阶段过程中更多的是在讨价还价。因此要彻底改变以往的工作思路，要强调"共赢"的思维模式，要求项目各参建单位彼此之间必须要树立合作共赢的思想，建立畅通的沟通机制。

1）建立良好的沟通制度、流程与方式。例如签证过程的稿件采用电子邮件进行各方确认，如按传统思维进行纸质签认，容易造成信息延迟、断层。改变观念，先把事情做在前，流程紧随其后，既保证项目推进不受拖延，又保证了审批的合规性。

2）以项目建设为中心，做到"坦诚相待"。各参建方都以项目结果为目标，做到相对坦诚、不推诿责任、不谎报瞒报，秉持长期合作原则。

3）及时沟通，加强反馈。在设计变更过程中经常采用 QQ 群、微信群聊等方式，涉及变更问题要及时向相关方进行反馈，打破传统的群体集中会议，采用现代的沟通交流工具，如腾讯会议、Zoom 等视频会议软件，及时开会、随时开会，避免现场等图、要图状况，要避免变更审批与变更脱节的情况发生。

4）与施工总承包方的沟通应以合同为主。在合同签订时，就应提前约定好，避免低价中标，后续再以变更、签证等方式做大结算金额；有效处理双方关系，做好市场调研，在施工单位提出设计变更时，仔细核实规格、数量、时间，避免恶意变更。

5）应加强与监理单位和全过程造价咨询单位的沟通。根据《建设工程监理规范》和合同内容，行使好监理单位的变更监督职责，监理单位与全过程造价咨询单位对于建设单位而言相当于外部专家，所以在处理与决策现场变更时，应充分听取监理单位和全过程造价咨询单位的相关意见，并形成共识。

信息沟通机制示意如图 7.19 所示。

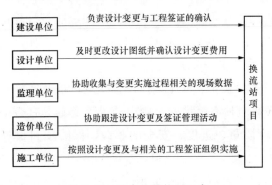

建设单位	负责设计变更与工程签证的确认
设计单位	及时更改设计图纸并确认设计变更费用
监理单位	协助收集与变更实施过程相关的现场数据
造价单位	协助跟进设计变更及签证管理活动
施工单位	按照设计变更及与相关的工程签证组织实施

图 7.19　信息沟通机制示意

（2）合同管理机制。换流站项目施工阶段各参与方都是独立的法人实体，相互之间存在着错综复杂的关系，并且具有灵活、多变的特点。要保证协调管理工作的开展，避免项目施工阶段出现阻碍协调管理的因素，应当建立协调管理机制。所谓协调管理机制，是为解决项目参与方之间的相互协作关系，以确保实现协调管理的方法和手段，同时也是项目参与方在协调管理工作开展进程中要遵循的程序和规则。

1）价款的调整原则。由于设计变更引起的新增材料认质认价，该类材料认质认价由项目经理部根据设计变更具体情况，要求施工单位上报新增材料信息，监理单位、造价单位审核材料真实性、必要性，并附相关经济分析。

在设计变更过程中发现招标清单编制时材料缺项、漏项，由项目经理部根据具体情况，要求施工单位上报新增材料信息，监理单位、造价单位审核材料真实性、必要性，并附相关经济分析。由项目经理部收集整理相关资料并形成初步审批意见报公司审核，审核结果经公司各职能部门、项目管理事业部及建设单位领导审批会签后下达至项目经理部，项目经理部传达认质认价结果至施工单位，并监督实施情况。

合同约定按材料价组价的综合单价，认质认价为材料价可以计取相关费用，投标时按包干价组价的综合单价，认质认价为包干价不可以计取其他费用。例如防水工程、门窗工程、栏杆工程等，投标报价时以包干价报综合单价，批定的防水、门窗、栏杆等价格，就是综合单价不计其他费用。监理公司确定真实性、必要性，确实需要进入认质认价程序

的，由项目经理部收集整理相关资料并形成初步审批意见报公司审核，审核结果经公司各
职能部门、项目管理事业部及建设单位领导审批会签后下达执行。由项目经理部传达认质
认价结果至施工单位，并监督实施情况。各参建单位严格按批准材料品牌和价格执行，该
材料品牌和价格即为结算材料品牌和价格。对于施工单位隐瞒新增材料、漏项材料等情况
及不按时上报材料认质认价和品牌确认的，涉及该类材料的产值审核及结算不予办理，已
办理的不予付款，施工单位或其他单位承担一切后果。

2）工程数量签证的原则。实行现场签证一事一签证，竣工签字，不得重复签证。施
工单位应严格按照施工图施工，不得随意变更。如因施工单位以外的原因造成合同约定的
变更和工程内容及数量的增减，施工单位应严格按照规定程序办理签证。现场签证由建设
单位、监理单位、造价咨询单位、设计单位、施工单位五方相关负责人共同负责，严禁补
办。涉及隐蔽工程的现场签证，需要在工程隐蔽前及时向五方相关负责人共同进行现场测
量和见证；缺少现场参与和见证的一方进行工程统计或现场签证，建设单位有权拒绝。对
于工程内容减少的经济签证，建设单位相关人员（或监理工程师）应督促建设单位申请相
关经济签证。对价款调整和签证办理原则进行定性，能够充分避免随意变更与恶意变更的
发生，减少建设单位与施工单位的争议，使项目良性发展。

3. 设计变更管理流程优化

（1）设计变更阶段流程优化的原则。通过对设计变更阶段流程优化影响因素的分析，
在进行设计变更与签证管理流程优化时应针对项目具体情况，克服不利因素影响，实现对
有利因素充分利用的同时，还应坚持以下原则：

1）目标导向。设计变更流程的优化设计需要服务于建设目标安全、高效、高质量地
达成，通过消除冗余管理流程等举措为造价精准管控的实现保驾护航。

2）效率优先。设计变更流程的优化寻求的是管理效率的提高，变更流程应在最大可
及程度内优化。因此，在流程优化过程中，要避免为了规避管理风险与流程设计错漏，使
得流程设计过度复杂化，也要避免因矫枉过正而降低了工作效率，时刻谨记效率优先的
原则。

3）面向信息平台。信息平台是设计变更与签证管理的重要辅助工具，精准造价管控
的设计变更与签证管理流程优化应在充分考虑信息平台应用的基础上进行。基于信息平台
应用的管理流程优化既可使流程优化更加充分，又可最大化发挥信息平台的作用。

4）兼顾各方利益。设计变更与签证管理涉及各参建方，因此每一项管理流程的优化
设计需要兼顾各方利益，不能为一方提供工作便利的同时，增加另一方的工作量和工作强
度。每一个流程节点上的滞后都会影响整个流程的完成时间。只有各方工作连续、均衡进
行，项目整体效率才会提高。

（2）设计变更阶段流程优化的步骤。设计变更阶段流程优化步骤总体上遵循一般管理
项目的流程优化逻辑，具体的步骤如图 7.20 所示。

1）现有流程诊断。在设计变更与签证管理进行管理流程优化时，首先要清楚现有流

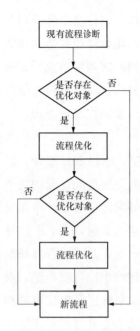

图 7.20　设计变更阶段流程优化示意图

程存在的问题，确定流程中的改造对象。对现有流程进行诊断，分为绘制流程图与流程初步诊断两个步骤。

首先，绘制的流程图一定是对现有管理流程完整准确的表述，做到不缺项、不漏项，不重复、不添加，真实还原、正确表达现有的业务逻辑关系。同时标注每个节点（即每项工作）的持续时间，为后续流程的深度优化做准备。

其次，流程诊断主要包括以下工作：梳理管理流程中的业务逻辑关系，查找流程中逻辑关系的错误；查找管理流程中可以清除、简化、整合、自动化的部分。

2）流程优化。流程的初步优化是对现有流程中业务逻辑混乱、表达不清楚或者错误的部分进行调整，然后进行流程清除、简化、整合、自动化的改造。

清除的对象是流程中无效冗余的环节。如果流程中有部分环节设计重复或者对项目建设目标的实现并无帮助，那么就应将其剔除。简化是指使烦琐的工作流程尽量简单。设计变更流程往往因为需要跨单位、跨部门协作而变得复杂。简化就是破除各单位、部门之间的界限，减少流程环节上的重复、时间上的停滞、信息上的冗余和过程中的阻隔。整合是指对现有流程进行重新梳理编排后的局部调整。对于一些业务关联度较高却被肢解的岗位或部门进行合并，对于业务重叠或者职能交叉的部分进行剔除，或者重新进行岗位职责划分。

自动化是指信息平台替代人工来完成部分管理工作。利用信息平台，可以追踪业务进程，向相关人员自动发出流程业务处理提醒，减少流程停滞时间。利用平台实现信息高效传递、智能填写电子表格、自动生成报告等功能。数据库为管理过程中的海量信息存储提供了空间，后台强大的运算处理能力大大减少了手工计算量，这些都加速了业务进程，缩短了节点的持续时间。

7.4.3　案例分析

南通道换流站通过对设计变更与现场签证的区分化处理模式实现初步的精准化，并结合流程优化原则进一步得出优化的流程图。在此基础上，通过基于信息化平台的项目沟通机制提升设计变更与签证管理的工作效率，通过已初步划分的责任矩阵与合同管理机制落实设计变更与项目签证管理的权责，从而实现设计变更与现场签证的精准管控。

1. 对设计变更与现场签证进行分类和依据

（1）分类和依据。南通道换流站中设计变更审批权限执行广东电网最新管理制度要求。小型、一般工程签证由业主项目管理机构审批；重大工程签证由业主项目管理机构审核，建设单位审批（工程费用变更范围见表 7.14 与表 7.15）。

表7.14　　　　　　　　　　　　项目费用变更范围表（电压等级）

变更类型	电压等级			
	≥500kV	220kV	110kV及35kV	≤20kV
重大变更	变更金额≥400万元	变更金额≥200万元	变更金额≥100万元	变更金额≥50万元
一般变更	变更金额40万～400万元	变更金额30万～200万元	变更金额20万～100万元	变更金额10万～50万元
小型变更	变更金额≤40万元	变更金额≤30万元	变更金额≤20万元	变更金额≤10万元

表7.15　　　　　　　　　　　　项目费用变更范围表（项目类型）

变更类型	项目类型		
	一类小型基建项目	二类小型基建项目	三类小型基建项目
重大变更	变更金额≥400万元	变更金额≥100万元	变更金额≥50万元
一般变更	变更金额40万～400万元	变更金额10万～100万元	变更金额5万～50万元
小型变更	变更金额≤40万	变更金额≤10万	变更金额≤5万

注：项目费用变更包括设计变更、工程签证和其他原因引起的费用变更。

（2）设计变更管理台账表。截至2022年11月7日，南通道换流站总计已出版变更33单，其中三通一平部分已出版变更10单、主体施工A包已出版变更5单、主体施工B包已出版变更18单。

以南粤背靠背换流站新建工程"三通一平"部分出现的10项设计变更为例，通过上表进行分类可以将设计变更分为一般变更6项、小型变更4项。具体分类情况见表7.16。

表7.16　　　　　　设计变更涉及工程费用变更管理台账表（"三通一平"部分）

序号	变更类型	变更单与签证单编号	设计变更与工程签证项目名称	批准日期	批准金额
1	一般变更	HD-031900 WS2619000 1-S-001	根据运行部门要求新增一路供水水源，由沙塘自来水厂位于沙隆路西端宸瑞自动化厂前市政供水管道引接，新增供水管道及设施详细安装图	2021.3.8	343.00
2	小型变更	HD-031900 WS2619000 1-S-002	根据实际情况，由于崇焕站站外供水管敷设穿越南通道综合楼所在位置，需对供水管进行迁改	2021.11.5	13.21
7	一般变更	HD-031900 WS2619000 1-T2-001	场地及排水管网地基处理变更	2021.8.20	230.54
8	小型变更	HD-031900 WS2619000 1-T2-002	围墙桩基部分改钢管桩变更	2021.10.20	31.42

序号	变更类型	变更单与签证单编号	设计变更与工程签证项目名称	批准日期	批准金额
9	一般变更	HD-031900WS26190001-T2-003	终端场桩基及基础变更	2022.5.10	263.52
10	一般变更	HD-031900WS26190001-SD-001	水泥搅拌桩地基处理改为高压旋喷桩	2022.1.10	65.969
11	小型变更	HD-031900WS26190001-SD-002	换流站电缆终端场电缆沟为4.8M，在电缆终端场中部2个T形交叉口位置电缆沟宽达4.0m。无法进行电缆沟盖板加工及安装，需要设置两个电缆沟T形交叉口过梁，以满足盖板甲供及安装的需求	2022.3.4	2.0296
31	一般变更	HD-031900WS26190001-Z-001	密排桩布置形式变化，相应连接板修改	2022.5.25	334.72
32	一般变更	HD-031900WS26190001-Z-002	干流东引运河左岸桩基施工平台多次塌陷，为了确保成桩质量，干流左岸DYZO+160~DYZO+480段桩基作业平台宽度由原3.0m变更调整为5.0m，桩基作业平台顶高程由原2.0m变更调整为3.0m高程，相关土方工程量进行变更调整。支流白濠北沟右岸桩基施工平台多次塌陷，为了确保成桩质量，支流右岸桩基作业平台顶高程由原1.5m变更调整为2.00m高程，相关土方工程量进行变更调整	2022.6.8	75.82
33	小型变更	HD-031900WS26190001-Z-003	现场河道工程施工过程中，施工平台塌陷导致刚完成混凝土浇筑的Q27号桩往河道偏移50cm，补打2根1m桩，盖梁调整	2022.6.29	19.55

同理，将主体施工A包、B包中出现的设计变更进行分类，可以得到主体施工A包5项设计变更中涉及一般变更2项、小型变更3项；主体施工B包18项设计变更中涉及一般变更2项、小型变更16项。最后得出，南通道换流站中所出现的所有设计变更均为小型、一般变更，未出现重大变更。

2. 针对不同类别的设计变更和签证采取不同的机制处理

（1）小型变更和一般变更的流程。对于南通道换流站"三通一平"（河道治理）及主体施工A包、B包中出现的小型、一般变更，不同单位提出的变更应分别通过如图7.21与图7.22的流程进行处理。

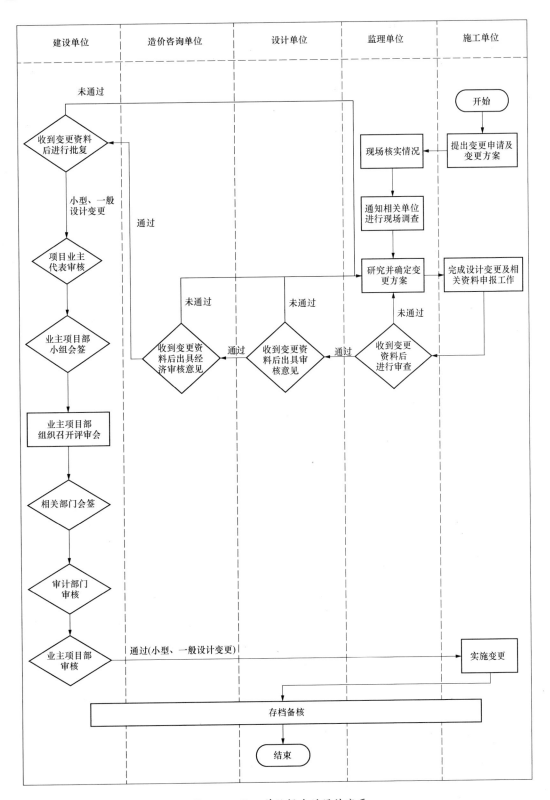

图 7.21 施工单位提出的设计变更

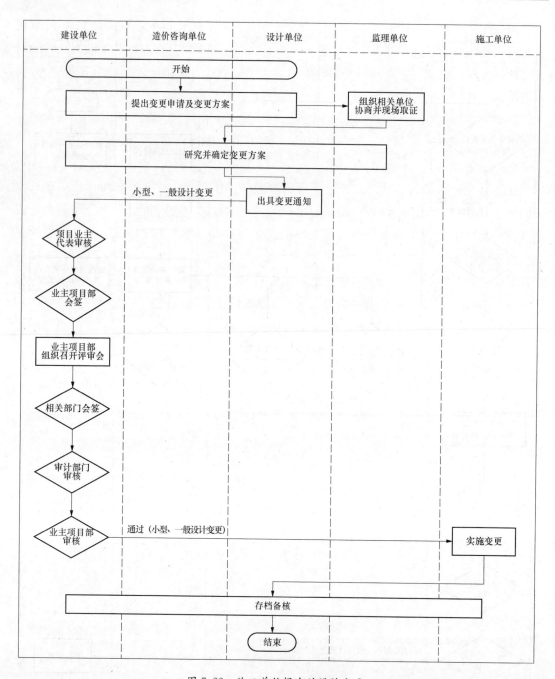

图 7.22　施工单位提出的设计变更

（2）双机制的运用。

1）搭建信息化办公及沟通平台。项目开展过程中，各参建方都有内部信息交流平台，通过 OA 等系统进行内部管理、信息共享、流程审批等工作。在项目部覆盖了互联网和局域网，各参建方间主要通过公共办公邮箱，建立新型即时通信工具（微信、QQ）群等平台来做好各方信息沟通、共享工作。信息化平台相对于以前的口头层层汇报或者纸介往来、函件沟通，其及时性和效率大幅提高。各方管理人员甚至不在现场就能 24 小时掌握现场施工情况并随时处理往来工作，有效改善了管理过程中信息不对称和传递不及时的问题。此外，通过定期召开管理例会，解决需协调的问题，及时消除障碍，明确前进方向，从而保证项目顺利推进。

a. 项目管理部工作人员使用的协调方式。南通道换流站造价精准管控中使用的沟通方式可以归纳为以下九种：①会议；②电话；③面对面；④现场巡视；⑤公文；⑥计划书；⑦进度表；⑧报告报表；⑨合同。

在设计变更与签证管理阶段，公司项目管理部工作人员会根据不同的工程进度采取不同的方式组合。例如"计划书是在提出变更前或会议前上交，报告等在会议结束后或整改措施落实后再报上级领导；进度表是根据各个阶段的施工情况，规定每次工程例会都要提交；合同一般用于月报表的工程量申报、进度款发放、工程决算等，每月交一次。"

b. 项目管理部工作人员协调情况。实现工作内容的精准划分主要通过与项目管理部工作人员进行访谈，同时下发调查问卷，请项目管理部的工作人员填写在设计变更与签证管理阶段各项目参与方进行协调工作的情况，内容包括协调内容、参与单位、沟通方式、处理的信息量等，见表 7.17。

表 7.17　　　　　　　　　　　　项目管理部工作人员协调情况表

变更单与 签证单编号	变更 类型	参与单位	沟通方式	沟通方式可否取代	解决否	处理的 信息量
HD - 031900WS26190001 - S - 001	一般 变更	建设单位、造价咨询单位、设计单位、监理单位、施工单位	面对面	否	已解决	3
HD - 031900WS26190001 - S - 002	小型 变更	建设单位、造价咨询单位、设计单位、监理单位、施工单位	线上会议	否	已解决	1
HD - 031900WS26190001 - D1 - 001	小型 变更	建设单位、造价咨询单位、设计单位、监理单位、施工单位	线上会议	否	已解决	2
HD - 031900WS26190001 - D1 - 002	小型 变更	建设单位、造价咨询单位、设计单位、监理单位、施工单位	线上会议	否	已解决	1
HD - 031900WS26190001 - D1 - 003	小型 变更	建设单位、造价咨询单位、设计单位、监理单位、施工单位	面对面	否	已解决	3
HD - 031900WS26190001 - D1 - 004	小型 变更	建设单位、造价咨询单位、设计单位、监理单位、施工单位	线上会议	否	已解决	2
HD - 031900WS26190001 - T2 - 001	一般 变更	建设单位、造价咨询单位、设计单位、监理单位、施工单位	线上会议	否	已解决	1

变更单与 签证单编号	变更 类型	参与单位	沟通方式	沟通方 式可否 取代	解决否	处理的 信息量
HD‐031900WS26190001‐T2‐002	小型 变更	建设单位、造价咨询单位、设 计单位、监理单位、施工单位	线上会议	否	已解决	1
HD‐031900WS26190001‐T2‐003	一般 变更	建设单位、造价咨询单位、设 计单位、监理单位、施工单位	面对面	否	已解决	1
HD‐031900WS26190001‐SD‐001	一般 变更	建设单位、造价咨询单位、设 计单位、监理单位、施工单位	面对面	否	已解决	1
HD‐031900WS26190001‐SD‐002	小型 变更	建设单位、造价咨询单位、设 计单位、监理单位、施工单位	面对面	否	已解决	2
HD‐031900WS26190001‐SD‐003	小型 变更	建设单位、造价咨询单位、设 计单位、监理单位、施工单位	面对面	否	已解决	2
HD‐031900WS26190001‐SD‐004	小型 变更	建设单位、造价咨询单位、设 计单位、监理单位、施工单位	线上会议	否	已解决	1
HD‐031900WS26190001‐D2‐001	小型 变更	建设单位、造价咨询单位、设 计单位、监理单位、施工单位	线上会议	否	已解决	1
HD‐031900WS26190001‐D2‐002	一般 变更	建设单位、造价咨询单位、设 计单位、监理单位、施工单位	线上会议	否	已解决	3
HD‐031900WS26190001‐D2‐003	小型 变更	建设单位、造价咨询单位、设 计单位、监理单位、施工单位	线上会议	否	已解决	1
HD‐031900WS26190001‐D2‐004	小型 变更	建设单位、造价咨询单位、设 计单位、监理单位、施工单位	线上会议	否	已解决	2
HD‐031900WS26190001‐D2‐005	小型 变更	建设单位、造价咨询单位、设 计单位、监理单位、施工单位	面对面	否	已解决	1
HD‐031900WS26190001‐D2‐006	小型 变更	建设单位、造价咨询单位、设 计单位、监理单位、施工单位	线上会议	否	已解决	2

可以看出，在设计变更与签证管理阶段管理人员主要依靠面对面和线上会议处理的方式实现信息沟通，通过责任矩阵与工作的精确划分能够实现设计变更阶段各相关方之间的协调管理。

2）责任矩阵分解工作。项目开展前将设计变更与签证管理工作根据责任矩阵进行划分，制定了详细的工作模块，并将对应工作模块分配给特定的责任人（各参建方均有对应的责任人）并在工作计划中标注。通过责任矩阵明确了各项工作目标和界面、分工，对厘清管理人员工作内容和提高管理人员责任心起到积极作用，同时也带来了工作效率的提升，具体内容如图 7.23 所示。

通过构建责任矩阵，施工单位应按照经批准的设计变更及与设计相关的工程签证组织实施，监理单位负责核实变更范围、费用变更以及变更完工工程量确认，设计单位负责核

		施工阶段造价管理			
		具体施工区段			
		设计变更与签证管理			
		审核变更造价清单	修改工程量	修改工程预算	汇总变更造价清单
业主项目部		△	△	△	
建设单位	基建管理部门	○			
	规划设计部门	○			△
	项目前期管理部门	○	○		
	安全质量管理部门				
	生产技术管理部门		○	○	
	财务管理部门	○	○	○	○
	审计管理部门	○	○	○	○
设计单位		○	○		
监理单位		△	△	○	○
施工单位	施工管理部	○	○	○	
	技术质量部	○	○	○	

图 7.23　设计变更与签证管理责任矩阵示意图

注：△—负责；○—参与。

实实施后的设计变更费用及与设计相关的工程签证引起的费用变更，业主项目管理机构负责变更的确认。实施完成后，施工单位应填报工程费用变更执行报验单，实施期超过实际工期一半的可分阶段填报。经业主项目管理机构审核确认的设计变更与工程签证执行报验单是设计变更与工程签证已经执行完成的证明，是进行工程结算的支撑性文件，具体见表 7.18 和表 7.19。

表 7.18　　　　　　　　　　　**工程费用变更执行报验单**

工程名称：　　　　　　　　　　　　　　　　　　　　　　　　　　编号：

致：_____（业主项目管理机构）

　　我司已完成（依据文件编号：_____）□设计变更通知单□工程签证全部内容的施工，并经质量验收合格，工程费用合计____元，请予以查验。

　　详细情况说明如下：

　　1. 完成的工作内容及工程量

　　2. 图纸、施工前后数码相片

　　3. 费用计算书

　　4. 其他资料

承包单位（盖章）：_____

项目负责人（签字）：_____

日　　期：_____

117

监理项目部审核意见：
经审核，文件编号为：_____的（□设计变更通知单□工程签证）工程费用合计____元。
监理项目部（盖章）：_____
专业监理工程师（签字）：_____   日 期：_____
总监理工程师（签字）：_____   日 期：_____
设计单位审核意见：
经审核，文件编号为：_____的（□设计变更通知单□工程签证）工程费用合计____元。
设计单位（盖章）：_____
项目负责人（签字）：_____
日 期：_____
建设单位（业主项目管理机构）意见：
经审核，文件编号为：_____的（□设计变更通知单□工程签证）工程费用合计____元。
建设单位（业主项目管理机构）（盖章）：_____
项目负责人（签字）：_____
日 期：_____

注：本表（含附件）一式五份，分子公司基建管理部门、业主项目管理机构、监理单位、承包单位、设计单位各
持一份。

表 7.19   **工程费用变更管理台账**

工程名称：   项目部名称：

序号	变更类型	变更单与签证单编号	设计变更与工程签证项目名称	审批情况		验收情况		备注
				批准日期	批准金额	验收日期	验收金额	

监理项目部意见：

月度：经监理项目部审核， 工程 年 月审批设计变更 份，工程签证 份，批准金额 元；验收设计变更
份，工程签证 份，验收金额 元。

  工程投产：经监理项目部审核， 工程 年 月审批设计变更 份，工程签证 份，批准金额 元；验收设计
变更 份，工程签证 份，验收金额 元。

                   监理项目部（盖章）：_____

                   总监理工程师（签字）：_____

                   日 期：_____

注：本表由监理项目部统一编制，一式五份，分子公司基建管理部门、业主项目管理机构、监理单位、承包单位、
设计单位各持一份。

7.5　过程结算精准化

7.5.1　南通道换流站过程结算特点

1. 结算资料完备

南通道换流站借助造价精准管控大数据平台，在施工阶段实现结算资料的信息化存储，使得资料完整性得到保障。

传统换流站项目的结算方式受限于技术条件等，导致过程结算资料的完备性较差，存在部分签证单丢失、内容描述不详等问题，使得结算时发承包双方的争议较大，无法得到双方满意的结果。这不仅影响了过程结算的结算周期，还影响了后续工程的施工进度，给发包人造成损失。

南通道换流站的结算管理依托于大数据平台下的计价功能模块，在最大限度上发挥出数据库中数据载体优势，实现结算信息资料整合。在项目施工阶段，承包方通过及时上传施工过程相关资料，如施工图纸、施工方案等，关联建筑信息模型的各种过程数据，集成施工过程结算所需的劳动力、材料、机械设备等信息资源。

南通道换流站在结算过程中，从结算资料提交再到各部门的资料交接等环节，均实现了结算资料的精准化管理。东莞供电局与广能发的造价管理人员，可利用工程造价精准管控大数据平台反复确认并核对施工合同、合同补充协议、招投标文件、经确认过的工程变更、现场签证、施工过程照片等相关技术经济文件，减少结算过程的争议问题。同时，大数据平台实现了换流站项目数据处处留痕，帮助双方快速追溯项目结算依据等证明资料。工程造价精准管控大数据平台实现了结算过程资料的汇总与整理，帮助项目提高结算效率与管理效能。

2. 工程量审核精准

工程量审核是过程结算工作的基础，一般项目工程量审核方式的烦琐性、重复性以及技术滞后性等问题，给结算管理工作带来了极大的困难。南通道换流站依托于工程造价精准管控大数据平台的造价数据分析处理优势，保障了工程量审核工作准确无误。

利用大数据平台通过开展造价数据的横纵向对比辅助南通道换流站项目工程量的审核工作。其中，横向对比分析通过特定造价指标在不同项目间的比较，分析其差异并为过程结算提供指导；纵向对比分析通过修正造价数据，保障施工过程结算的准确性。

首先，选取类似项目开展横向对比工作，广东顶立工程咨询有限公司在参与结算审核过程中，基于工程量计算底稿、工程竣工图纸、设计变更单、签证、现场踏勘等情况，对工程量进行校对，主要包括是否存在高估冒算、重复计算、依据不充分、调增不调减、招标图与竣工图混淆等问题；其次，进行纵向对比分析修正数据，通过物价影响指数计算各施工节点的价格，人、材、机价格根据价格信息与造价指数调差，然后根据变量的权重计算影响系数，综合价格、物价影响指数与影响系数三者乘积确定施工各节点的价格。

本项目因过程结算期数多，为避免重复计算的情况，结算审核单位创新采用电子化工程量清单筛选模式，在项目各结算期内都列出已结算工程量，便于每一期的结算过程中都可以追溯已结清单的工程量，同时全过程造价咨询单位为过程结算提供符合工程实施成本的资料来源，实现造价精准控制。

7.5.2　南通道换流站过程结算管理

1. 过程结算管理原则

根据南通道换流站"三通一平"及主体施工合同规定，以施工过程结算代替工程进度款，每月施工单位可按审定的施工图报送已完工程量，经监理单位、建设单位确认后进行结算，已报审过的工程量在后期不再调整，后期发生的升版图差异部分要附设计院的说明。过程结算价款作为中间支付凭证，也作为最终合同价款的组成部分。

工程人工费用按月度拨付，施工单位应在每月 15 日提交上月 15 日至本月 14 日农民工工程支付申请表（依据东莞供电局提供的模板为准），依据确认的形象进度按比例计算人工费报监理核查，监理核查并经全过程咨询单位造价管理人员复核后报建设单位，建设单位在批准工程支付申请表并收到等额增值税专用发票后 45 日内将人工费支付到施工单位农民工工资专用账户。

从开工日期起，施工单位应安排专职技经人员统计已完工工程量（包含设计变更、合同外委托、费用变化相关等），工地例会前交付监理审核，并报业主项目部。统计的已完工工程量是月份结算的计量依据，属于过程资料之一。如过程资料滞后工程进度，并影响月份结算的，进度款按已有的过程资料进行计价支付。

当施工单位未履行合同约定造价管理义务，按基建承包商扣分处罚条款处罚，每 1 次书面警告，扣 1 分。经 3 次书面警告仍未履行的，建设单位应有权向施工单位提出经济索赔，每发生 1 次扣除合同总额的 0.2%，累计最多可扣除合同总额的 1%。

2. 过程结算管理流程

南通道换流站施工阶段工程造价管理总体分为 3 个步骤：预付款支付→其中支付（月度人工费及过程结算费用）→最终支付。

南通换流站项目以精准管控为目标，以施工过程结算为重点，制定出适用于南通道换流站过程结算管理流程。在"三通一平"工程、土建工程、设备安装工程造价结算管理方面，严格履行《中国南方电网有限责任公司基建管理规定》（Q/CSG 2052071—2020）、《中国南方电网有限责任公司基建造价管理办法》（Q/CSG 2053069—2020）、《广东电网有限责任公司基建造价管理细则》（Q/CSG‑GPG2052004—2021）等管理规定。

根据南方电网造价管理要求，南通道换流站在工程量审核方面，规定施工单位每月份第 5 日前提交上个月已完工程量核对清单、已完工程量送审计价书、已完工程量相应的设计变更通知单及其附件等项目过程资料，报监理单位、全过程咨询服务单位造价管理人员和业主项目部审核。特殊情况提交部分已完工工程量有困难的，经基建部确认，可推迟至下个月份提交。贯穿整个项目过程的变更通知单可按月份完成工程量，经监理、设计及业主项目部签证，分阶段提交。

在设计变更方面，设计单位在工程实施过程中应及时出具设计变更及预算，配合施工各阶段工程量及变更工程量复核，核实与设计相关的工程签证引起的费用变更。设计单位收到设计变更联系单后，出具变更单的时间不应超过 14 天，工程量复核及确认签证的时间不应超过 7 天，严格执行"先审批，后实施"的原则。

在解决工程量审核、设计变更等可能会引起过程结算争议的问题后，针对南通道换流站施工阶段工程造价精准管控的需求，确定建设单位、全过程咨询单位、造价咨询单位、施工单位、监理单位在实施过程结算的管理流程，如图 7.24 所示。

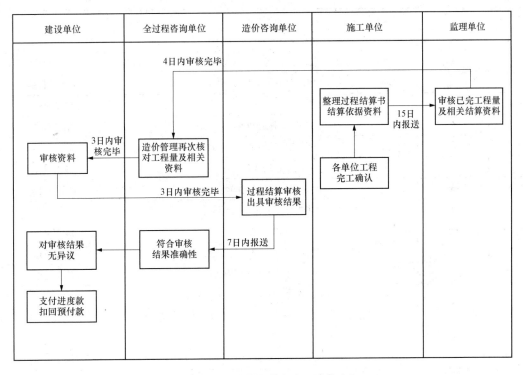

图 7.24　南通道换流站过程结算流程

首先，各单位工程完工确认后，施工单位应在 15 日内报送完整正确的过程结算书，过程结算书应包括已完工施工图、设计变更单、工程签证单（含调差材料确认）、合同外委托书、报审结算书等资料。施工单位提交中间结算相关资料后，监理人应在 4 日内审核完毕已完工程量计量及相关结算资料并提交给全过程咨询单位造价管理人员复核，全过程咨询服务单位造价管理人员须 3 日内审核完毕提交给建设单位。建设单位在 3 日内审核完毕，提交造价咨询单位审核。造价咨询单位应在 7 日内完成中间结算审核、出具审核结果并交由全过程咨询单位造价管理人员复核其结果的准确性。

　　在该单位工程的中间结算过程中，如因施工单位原因，未提供相关依据资料的，则该单位工程的该部分费用将不会被计入中间结算，在下一阶段的中间结算及最终结算时也不再对该部分费用进行增加。

　　施工单位报送的中间结算书经由监理、工程造价咨询单位、全过程咨询单位造价管理人员及建设单位审批通过后方可作为拨付中间结算费用的依据。

　　3. 过程结算资料要点

　　(1) 过程结算资料准备要点。南通道换流站建设实施过程中的档案资料按照"谁主办、谁形成、谁归档"的原则，资料收集和整理须与工程建设同步进行。过程资料审核表中涉及三个单位，包括建设单位的基建部与业主项目部，施工单位、监理单位；审核表包括 6 项非关键性资料与 12 项关键性资料，共计 18 项。具体内容见表 7.20。

表 7.20　　　　　　　　　　　　　过程结算资料审核表

序号	关键性资料	资料名称	提供方
1	★	招标文件及招标答疑纪要	基建部
2	★	工程施工合同（含补充协议及附件）	施工单位
3	★	招标图纸（或施工图纸）	业主项目部
4	★	投标文件	施工单位
5	★	中标通知书	施工单位
6	★	设计变更通知单及其附件	施工单位
7		施工过程现场照片	施工单位
8	★	甲供材设备清单	业主项目部
9	★	甲供拆除废旧物资退料清单	施工单位
10	★	送审结算书	施工单位
11		工程量核对清单（中标量、变更量、竣工量）	施工单位
12	★	竣工图纸（经监理确认）	施工单位
13	★	业主认可的其他有效结算凭证（另行委托书、会议纪要、工作联系单、工程费用变更执行报验单确认单等）	施工单位
14	★	试验报告（需盖章）	施工单位
15		土建工程量计算书	施工单位
16		进度款证明	施工单位
17		市政道路修复费用送审结算资料	施工单位
18		甲供材料设备专业运输	施工单位
19	★	工程费用变更管理台账	监理单位

　　过程结算工作开始前，过程结算资料审核表应在南通道换流站项目实施过程中及时收集，作为工地例会资料保存，并作为结算依据。南通道换流站启动投产后，项目经理、造价工程师依据上述资料开展结算工作。表中带★号项为关键性资料，实际操作过程中，施工图及预算、设计变更联系单、工作联系单、设计变更通知单、竣工图纸、甲供材设清

单、甲供拆除废旧物资退料清单均需完成审核流程。

（2）已完工程量注意要点。对于施工图内的工程量，监理须对单位工程进行完工确认，且须形成一份由监理和建设单位同时签字盖章确认单位工程完工确认量的书面文件，并形成相关资料的闭环。

（3）设计变更注意要点。

1）对于一般性设计变更，必须经设计单位、监理、全过程咨询单位造价管理人员及建设单位认可。凡重大设计变更须经上述单位认可外，变更方案还须由电规总院评审后方可执行。

2）变更联系单应依据施工图纸及现场实际情况提出，各参建单位应据实填写相应意见；变更单内容与变更联系单的诉求应一致；涉及费用变化的设计变更必须附变更前后对比的费用预算书，设计变更费用应根据变更内容对应概算或预算的计价原则编制；施工、设计、监理及建设单位相关人员均应在设计变更通知单签字确认、填写好日期且盖章；各参建单位应在设计变更通知单相应意见栏里根据变更内容实事求是的填写好意见；设计变更完工后，监理及建设单位应对工程量进行完工确认。

3）变更相关的所有证明材料（如会议纪要、变更设计通知书、试验检测资料等）必须齐全。

（4）现场签证注意要点。

1）工程签证须注明引用资料的编号和所依据的合同条款且签证内容应翔实，签证单后必须附引起本次签证的原始资料，如技术核定单、设计变更单、业主联系单等。

2）涉及费用变化的工程签证必须附费用预算书，工程签证费用按合同确定的原则编制。

3）应严格按照"先审批，后执行"原则，凡是后补的签证一律不予认可。

4）对于缺少信息价的新增乙供材料，需由施工单位取得具有合法依据的市场价格（询价单位不少于三家）报建设单位确认后方可执行。对于所签证的材料单价应注明是否包括采保费、运输费与损耗，避免结算时重复计算。在签证中要如实签明材料的名称、规格、厂家、单价、采购时间等。施工单位须提供采购合同、发票等采购凭证。

7.5.3　案例分析

截至 2021 年 9 月 6 日，南通道换流站主体工程共完成三期过程结算审核，由于南通道换流站施工过程中分部工程结算阶段需要处理大量的工程签单、工程量认定、单价确认、合同外工程的认定等复杂问题，因此，本部分将围绕主体工程前三期过程结算工作中的管控内容进行说明，并对其管控效果进行分析。

1. 主体工程过程结算管控情况

南通道换流站在前三期结算共涉及变更 1 项，施工主体签证 12 份。

设计院反馈已提交一般变更 1 份，单号 HD - 031900WS26190001 - S - 001，对应南粤背靠背换流站新建工程"三通一平"部分，主要内容是："根据运行部门要求新增一路供水水源，由沙塘自来水厂位于沙隆路西端宸瑞自动化厂前市政供水管道引接"，变更预算343万元，已完成审批流程，尚未收到完整的设计变更单。

南通道换流站施工主体 A 包已提交现场签证 9 份，合计申报金额 316.06 万元。其中6 份提交时间 2021 年 8 月 24 日，目前流转至设计单位，主要内容是：主控楼旋挖成孔灌注桩淤泥外弃；主控楼基础淤泥外弃；换流单元 1 阀厅级配碎石临时道路；阀厅中间混凝土临时道路；主控楼与消防水池之间级配碎石临时道路；崇换变西侧级配砂石临时道路，申报金额共 218.00 万元。其中 3 份提交时间 2021 年 9 月 3 日，流转至监理单位，主要内容是：单元 1 阀厅旋挖钻成孔所产生的淤泥及土围挡；主控楼基础石粉回填；换流单元 1 阀厅基础淤泥外弃，申报金额共 98.06 万元。

南通道换流站施工主体 B 包已提交现场签证 3 份，扣除合同价已有部分，合计申报金额 336.49 万元。其中 2 份提交时间 2021 年 5 月 25 日，1 份提交时间 2021 年 7 月 27 日，流转至监理单位，主要内容是：站内临时施工道路（碎石路面）；500kV 崇焕站工人生活驻地区域表层淤泥开挖、外运及级配碎石换填；临时集中办公区建设。

2. 主体工程过程结算审核内容

南通道换流站施工阶段的过程结算审核时，造价咨询单位依据国家现行的法律、法规、规章、规范性文件及行业规定和相应的标准、规范、技术文件要求，对工程量计算与计价、相关费用进行核定。主要内容为针对涉及每期阶段内的工程量、综合单价，在结算审查中进行了有效的核减多计工程量、重新组价，设备材料价格与其他费用均依据施工共同条款及相关资料进行核实计列，上述内容经造价咨询单位审核并与施工单位等核对确认，最终形成阶段性的结算报告，南通道换流站过程结算方式的应用进一步体现了造价精准管控的思想。

（1）一期过程结算审核。2021 年 6 月 1 日至 6 月 30 日，完成南通道换流站施工合同第一期过程结算工作。其中，工程量的核实情况如下，极 1 高端阀厅中的钢筋工程量清单：送审结算按 1058.99t 计算费用，结算审核依据图纸计算 993.74t。极 1 高端阀厅中的地脚螺栓及预埋铁件工程量清单：送审结算按地脚螺栓 54.40t、预埋铁件按 0.07t 计算费用，结算审核依据图纸地脚螺栓按 47.31t、预埋铁件按 7.09t 计算。预应力管桩 $\phi400$ 工程量清单：送审结算按 38334.5m 计算费用，结算审核依据图纸计算 35077.5m。钢筋混凝土电缆沟：送审结算按 2502.68m³ 计算费用，结算审核依据图纸计算工程量为 1827.54m³。

定额套用的校对情况如下，沥青混凝土道路工程量清单：送审结算按单价 520 元/m² 计算，审核结算依据签证该沥青面层未施工，审核结算扣减沥青面层费用，综合单价按517.73 元/m² 计算。钢筋混凝土电缆沟工程量清单：送审结算电缆沟内底板上混凝土按3435.30 元/m³ 计算计算费用，结算审核按重新组价计算，单价为 777.13 元/m³。

（2）二期过程结算审核。2021 年 7 月 1 日至 2021 年 7 月 31 日，完成南通道换流站施工合同第二期过程结算审核工作。其中，工程量的核实情况如下，极 2 高端阀厅中的钢筋混凝土基础工程量清单：送审结算按 1282.65m³ 计算费用，结算审核依据图纸计算为 1243.86m³。极 2 高端阀厅中的预埋铁件工程量清单：送审结算按 10.37t 计算费用，结算审核依据图纸计算为 7.09t。极 2 高端阀厅中的钢筋工程量清单：送审结算按 1009.36t 计算费用，结算审核依据图纸计算为 999.41t。站区电缆沟道中的浇制混凝土沟道（净空体积）工程量清单：送审结算按 586.52m³ 计算费用，结算审核依据图纸计算为 542.76m³。二次备品备件库和备用桥抗室：送审结算钢筋工程量为 141.500t，结算审核依据图纸计算工程量为 74.488t。500kV GIS 室 1：送审结算钢结构工程量为 335.725t，结算审核依据图纸计算工程量为 256.592t。500kV GIS 室 2：送审结算钢结构工程量为 218.000t，结算审核依据图纸计算工程量为 78.938t。500kV 构架及基础：送审结算钢板桩支护工程量为 1274.110t，结算审核依据图纸计算工程量为 1224.260t。

定额套用的校对情况如下，沥青混凝土道路工程量清单：送审结算按单价 425 元/m² 计算，审核结算依据签证该沥青面层及伸缩缝、面层划漆线未施工，审核结算扣减该费用，综合单价按 411.30 元/m² 计算。依据"关于广东电网直流背靠背东莞工程防火墙招标与施工图结构型式改变的情况说明"，柔直换流变压器防火墙套取合同中 1.6.1.4 框架计算，另计列脚手架及垂直运输费用。

（3）三期过程结算审核。2021 年 8 月 1 日至 2021 年 8 月 31 日，完成南通道换流站施工合同第三期过程结算审核工作。其中，工程量的核实情况如下，主控楼中的楼梯工程量：送审结算按屋面工程量清单计算费用，结算审核依据"钢筋混凝土板工程量清单价格包含内容"包括了楼梯工作内容，审核楼梯工程量按钢筋混凝土板清单计算。主控楼中的镀锌焊接钢丝屏蔽网工程量清单：送审结算按 1356.74m² 计算费用，结算审核依据图纸计算为 1255.13m²。主控楼中的钢筋工程量清单：送审结算按 244.59t 计算费用，结算审核依据图纸计算为 237.48t。辅控楼中的钢筋工程量清单：送审结算按 354.50t 计算费用，结算审核依据图纸计算为 345.26t。二次备品备件库和备用桥抗室：送审结算钢筋混凝土框架、钢筋混凝土楼板、钢筋工程量分别为 353.57m³、290.52m³、150.370t，结算审核依据图纸计算工程量分别为 291.55m³、199.94m³、132.146t。柔直换流变压器油坑及卵石：送审结算变压器油坑（净空体积）工程量为 1900.80m³，结算审核依据图纸计算工程量为 1293.35m³。柔直变构架及基础：送审结算构架钢结构工程量为 140.000t，结算审核依据图纸计算工程量为 76.094t。柔直换流变区域运输轨道：送审结算钢轨及预埋件工程量为 59.880t，结算审核依据签证，无此内容，不予计算。雨水泵站：送审结算钢筋工程量为 131.720t，结算审核依据图纸计算工程量为 88.567t。

定额套用的校对情况如下，沥青混凝土道路工程量清单：送审结算按单价 552.67 元/m² 计算，审核结算依据签证该沥青面层及伸缩缝、面层划漆线未施工，审核结算扣减该费用，综合单价按 431.77 元/m² 计算。500kV GIS 室 1、2：招标清单 1.4.1.13 为蒸压灰砂砖墙体 - 勒脚，实际完成为混凝土勒脚，送审及审核均重新组价，审核套取定额 YT5 -

64 地上建筑墙计算。

3. 主体工程过程结算管控效果

(1) 一期管控效果。广东电网直流背靠背东莞工程（大湾区南粤直流背靠背工程）施工（A 标包）合同第一期过程结算合同金额为 8758.7 万元，结算审定金额为 6139.2 万元，较第一期过程结算合同签订金额减少 2619.5 万元，详细内容见表 7.21。

表 7.21　　　　　　　　　　A 标包一期过程结算审核汇总表

序号	项目名称	第一期过程结算合同签订金额①	送审结算金额②	差额③＝②－①	审核结算金额④	审核较送审结算增减金额⑤＝④－②	审核较合同增加额⑥＝④－①
A	合同内项目（a＋b＋c）	8758.7	6211.5	−2547.2	6139.2	−72.3	−2619.5
a	施工图项目	8758.7	6211.5	−2547.2	6139.2	−72.3	−2619.5
b	变更项目	0.0	0.0	0.0	0.0	0.0	0.0
c	其他项目	0.0	0.0	0.0	0.0	0.0	0.0
B	合同外项目				0.0	0.0	0.0
合计（A＋B）		8758.7	6211.5	−2547.2	6139.2	−72.3	−2619.5

(2) 二期管控效果。广东电网直流背靠背东莞工程（大湾区南粤直流背靠背工程）施工（A 标包）合同第二期过程结算合同金额为 4861.2 万元，审核结算金额为 4188.1 万元，较第二期过程结算合同签订金额减少 673.2 万元，详细内容见表 7.22。

表 7.22　　　　　　　　　　A 标包二期过程结算审核汇总表

序号	项目名称	第一期过程结算合同签订金额①	送审结算金额②	差额③＝②－①	审核结算金额④	审核较送审结算增减金额⑤＝④－②	审核较合同增加额⑥＝④－①
A	合同内项目（a＋b＋c）	4861.2	4216.8	−644.5	4188.1	−28.7	−673.2
a	施工图项目	4861.2	4216.8	−644.5	4188.1	−28.7	−673.2
b	变更项目	0.0	0.0	0.0	0.0	0.0	0.0
c	其他项目	0.0	0.0	0.0	0.0	0.0	0.0
B	合同外项目				0.0	0.0	0.0
合计（A＋B）		4861.2	4216.8	−644.5	4188.1	−28.7	−673.2

(3) 三期管控效果。广东电网直流背靠背东莞工程（大湾区南粤直流背靠背工程）施工（A 标包）合同第三期过程结算合同金额为 8758.7 万元，结算审定金额为 6139.2 万元，较第三期过程结算合同签订金额减少 2619.5 万元。该审核结果已经各方共同确认，详细内容见表 7.23。

表 7.23　　　　　　　　　　　　A 标包三期过程结算审核汇总表

序号	项目名称	第一期过程结算合同签订金额①	送审结算金额②	差额③＝②－①	审核结算金额④	审核较送审结算增减金额⑤＝④－②	审核较合同增加额⑥＝④－①
A	合同内项目(a＋b＋c)	1417.2	2512.3	1095.1	2480.9	−31.4	1063.7
a	施工图项目	1417.2	2512.3	1095.1	2480.9	−31.4	1063.7
b	变更项目		0.0	0.0	0.0	0.0	0.0
c	其他项目		0.0	0.0	0.0	0.0	0.0
B	合同外项目		0.0	0.0	0.0	0.0	0.0
合计（A＋B）		1417.2	2512.3	1095.1	2480.9	−31.4	1063.7

（4）工程造价动态管控效果。结算审核相关部门基于工程造价精准管控大数据平台，建立科学严谨的工程造价动态管理与控制表，详细内容见表 7.24。通过收集施工现场数据等信息，统计了施工、材料、设备、服务、监理监造、青赔、咨询等各项费用，使得南通道换流站造价管理工作能够根据工程进展实际情况进行相应的调节，以实现科学、规范的工程造价精准管控。

勘察设计合同按施工图审定预算下浮金额结算，系统研究合同按审定概算下浮金额结算，监理合同按审定概算下浮金额结算，"三通一平"施工合同按施工图审定预算下浮结算。以上四项投资在可控范围内。

工程造价咨询合同根据框架招标结果按照《2020 年度电网建设工程造价咨询服务收费计算标准》下浮执行。施工合同中约定造价咨询服务效益收费部分由承包人支付的方式，从施工单位自身效益出发，能有效避免其结算报审时高估冒算，引起效益收费虚高，导致咨询费用失控的情况发生。根据结算审核单位预估的造价咨询收费金额，较概算结余633.71 万元。

全过程咨询费用采用固定总价形式，金额控制在批准概算内。

监造费按提供的监造设备清单实际购买的设备采购价×0.48%×（1－投标下浮率）执行，投资控制的重点在于所需监造的设备采购价格。

主体工程的施工费用采用单价承包的方式，由于招标时采用初设图纸招标，后期施工图纸改动比较大，此项是投资控制的重点。施工合同采用了过程结算的方式代替进度款支付，按实际完工进度严格审批过程结算工程量，避免超前支付。建设单位聘请了造价咨询单位进行施工全过程的结算审核，同时在每一期的施工款申请时按约定比例扣除预留款，严控支付进度，力保主体施工费用不超支。项目暂未发生监理认可的变更或签证、索赔事项，全过程咨询单位要求勘察设计单位、各施工单位每周汇报变更、签证与索赔台账，及时跟踪与审核施工费用变化。

施工费用（包括"三通一平"）根据已审定的过程结算和预计的变更与签证调整后目

表 7.24

南通道换流站造价动态管理与控制表

序号	项目	项目批准概算金额/投资控制目标金额 (人民币:元)	签约合同价 (人民币:元)	预估合同价/待签发承包合同预估价 (人民币:元)	已发生的设计变更/鉴证费用 (人民币:元)	当前已知工程造价 (人民币:元)	预计将发生的设计变更/鉴证费用 (人民币:元)	当前预计工程造价 (人民币:元)	当前预计工程造价与批准概算(或投资控制目标值)的差值 (人民币:元)
一	施工合同	1 011 506 649.47	933 590 016.16	964 696 116.16	-28 168 215.80	936 527 900.36	106 821 516.00	1 043 349 416.36	31 842 766.89
二	材料、设备供应合同	2 295 565 632.65	2 296 163 508.75	2 296 163 508.75	0.00	2 296 163 508.75	0.00	2 296 163 508.75	597 876.10
三	服务合同	191 914 845.00	146 524 692.00	169 432 234.57	0.00	169 534 548.57	0.00	169 534 548.57	-22 380 296.43
四	监理、监造合同	47 300 981.00	40 172 453.00	45 881 951.57	0.00	45 881 951.57	0.00	45 881 951.57	-1 419 029.43
五	勘察设计合同	102 740 620.00	102 631 883.00	100 357 557.04	0.00	100 357 557.04	0.00	100 357 557.04	-2 383 062.96
六	征地青赔合同	140 141 126.00	51 688 938.09	83 051 266.36	0.00	83 051 266.36	0.00	83 051 266.36	-57 089 859.64
七	咨询合同	45 837 569.00	23 625 000.00	24 825 000.00	0.00	24 825 000.00	0.00	24 825 000.00	-21 012 569.00
八	其他	10 910 000.00	9 324 600.00	9 324 600.00	0.00	9 324 600.00	0.00	9 324 600.00	-1 585 400.00
九	无对应合同部分	334 667 366.35	0.00	56 869 536.17	0.00	56 869 536.17	0.00	56 869 536.17	-277 797 830.18
	合计	4 180 584 789.47	3 603 721 091.00	3 693 732 234.45	-28 168 215.80	3 722 535 868.82	106 821 516.00	3 829 357 384.82	-351 227 404.66

前测算较概算结余 4247.24 万元。

　　建设单位先后与东莞市财政局沙田分局、东莞市厚街镇人民政府、云南送变电工程有限公司签订了征地青赔委托补偿合同，合同金额 5035.31 万元，对应送审概算金额 13983.74 万元，概算余额 8948.43 万元。

　　已签订的 72 项设备材料合同，总金额为 212586.04 万元，对比 7 月 26 日版送审概算设备材料价 214137.39 万元，总体结余约 1151.35 万元，总体实现了造价精准管控要求。

第8章
南通道换流站项目技术经济评价与总结

8.1 南通道换流站项目技术经济分析

8.1.1 施工阶段技术经济分析概述

现阶段，我国国民经济日新月异，各行各业方兴未艾，电力行业呈现出蓬勃发展态势，为工业生产提供了强大的动力。随着经济飞速发展，电力资源的作用逐渐凸显，电力工程成为基础设施中的重点施工项目，由于电力工程具有周期长且投入的资金量大等特点，这对电力工程的造价控制能力提出更高要求，从经济管理角度开展造价控制工作成为必然的行业发展趋势。在南通道换流站的具体施工中，必须做好动态的工程造价管理工作。而技术经济工作可通过有效对比技术和经济间的相互关系，实现对本换流站项目工程造价的有效控制，因此被广泛应用于其他电力工程项目的施工前后。

1. 技术经济分析原理

电力工程技术经济管理主要是通过对比各方的可行性和经济性来确定最佳执行方案，因此在进行分析时要进行变量控制，保证对比分析的有效性：一是要满足时间维度的一致性，采取处在同一计时周期的不同方案；二是要满足可比性原则，对于电力工程工程造价的控制来说，需要对比不同建设方案的费用消耗和综合经济效益，分析在工程建设中对于某一条件改变时会产生什么样的结果，要达到同样的造价管控目标时可以怎样进行替代，从而可以采取合理、有针对性的造价控制措施。

在电力工程技术经济分析工作开展中，通过对比不同技术，确保工作人员能够始终遵循可比性原则。如果技术方案存在一定误差，为使技术方案可以满足施工需求，工作人员需要结合实际情况，做出相应调整，确保技术方案可以满足可比性原则，并将电力工程建设价值充分发挥出来。从本次换流站项目的建设开展中不难看出，若要建设电力方面的相关工程，需要投入大量资金，但是资金投入存在分化情况。因此，工作人员需要对整个工程总消耗进行全面且动态的计算，以便保证经济技术方案在费用支出中的可对比性，从而实现对不同资金的合理应用。在技术经济分析工作开展中，经常会出现产品与价格不符的情况，为保证价格相符性，工作人员需要根据实际情况做出调整。

工作人员在技术经济分析过程中首先需要明确技术经济分析目标，结合相应目标做好技术方案建设工作。其次，建设技术也存在一定差异，在原本资料基础上，工作人员可以结合实际情况，调整方案。再次，在方案的最终确立过程中，需要进行技术经济计算，明确其中存在的问题。最后，工作人员可以利用更加有效的评价方案，对方案进行评价，以确保选择方案的合理性。

2. 技术经济分析现状

（1）电力项目的工作难以开展。对于电力工程项目而言，施工阶段会涉及多个参建方，从工程设计材料选择、设计施工单位的沟通交底再到最终的工作交接，需要多个不同主体单位的相互配合，这在一定程度上增加了项目成本。许多电力企业通常直接将项目交付给中介机构或咨询机构，使其拥有了项目绝对的选择权和管理权，导致电力企业很难开展电力工程工作，在项目的技术经济以及成本管理方面面临巨大的困难和挑战。

（2）缺乏推进造价控制的机构。电力工程造价控制必须由具备专业知识的造价工作人员实施预估与管理，通过这种方式，确保工作的精准性与合理性。然而，在具体开展工作的过程中，不管是承包商或者建设方都缺乏一套完善和系统的工作体系，造价控制缺乏多个主体参与，最终导致工程造价审计工作困难重重。

（3）工作人员素质水平不高。电力工程项目具有一定的综合性、系统性和特殊性，包含其他许多行业的理论和技术，对造价管理人员的综合素质提出了很高的要求，要求其既应拥有专业的理论体系，又要严格遵守自己的道德底线。当前，我国电力行业的造价管理者通常只是循规蹈矩地完成造价管理工作，甚至有些造价管理人员在预算时为了争取自己的利益，导致电力工程项目资金流失，进而影响工程进度和质量。

3. 开展技术经济分析的意义及重要性

电力工程项目具有投资、施工周期长、参建方众多且投资资金庞大等特性，使电力工程中的招投标、决策、设计、施工和竣工验收各阶段的造价控制成为可能。通过上述五阶段的相互制约，一定程度上提升了企业经济效益。根据技术经济评价的原理和内容，挖掘电力工程背后的项目价值。

其一，根据以往的电力工程后评价和经验可知，即便是分阶段实施电力工程造价控制工作也深受大众青睐，然而，在具体实施过程中仍存在很多问题，并在一定程度上影响了电力工程造价工作的整体质量。通过在电力工程造价控制中加强技术经济分析，能有效考虑电力工程的相关特点、成本精度要求和行业标准，使电力工程技术经济方案与具体实际相符。

其二，整个电力工程需要通过科学合理的比较，选择最合适的电力工程建设技术方案要求。而技术经济分析主要是对电力工程做出综合性分析评价，为电力工程建设工作的落实打下良好基础。电力工程技术经济分析内容不仅可以为电力企业发展提供相应方案依据，还可以为国家电力工程建设提供技术政策支持，为企业创造更多效益。

其三，从技术经济分析及管理角度完善工程造价控制体系，构建一个系统的、全阶段性、全面的工程造价控制体系，可以使工程造价控制整体性更强，措施更为合理有效。通过对整个项目的各个环节进行成本梳理，促使投资估算、工程设计与相关概预算、施工活动开展与竣工结算等步骤顺利完成，进而有效降低投资风险，科学合理地控制造价。

4. 技术经济分析的常用方法

控制电力工程的工程造价是新时代电力行业工程造价工作者的主要工作内容，而从经济技术管理角度讲，控制工程造价是最有效的方式，常用于电力项目工程造价控制的方法有盈亏平衡法、层次分析法、成本效益法、价值工程法和概率分析法五种，具体方法如下。

（1）盈亏平衡分析法。盈亏平衡法是控制技术经济造价最常用方法，也是保证电力工程施工具有较高经济效益的主要方式，盈利效果也是施工经济价值的体现。根据项目或技术方案，决策者从经营盈亏平衡和盈亏水平出发，有效且精准地预测项目或技术方案投资风险。按照项目或技术方案正式投入后的盈亏平衡点或保本点开展决策分析，通过这样的方式有效预判项目或技术方案投入的风险，或者定量找出亏损的经济临界，使其成为决策的有效依据。

使用该方法控制技术经济造价的流程下：首先，在电力工程项目施工开始前，对处于规划阶段的工程项目从盈亏角度进行分析，评估该电力工程项目的总体情况，初步判断该项目是否具有投资价值；其次，在项目开始后，结合电力工程项目的具体情况，进一步评估该项目的盈亏可能，根据评估结果确定盈亏平衡的节点；最后，以盈亏平衡法的分析结果为基础做出正确决策，使电力工程的盈利效果符合预期。应用该方法控制经济技术造价不仅能够有效降低电力工程项目中存在风险的可能性，还能够提高电力工程项目的经济收益。在盈亏平衡法中，准确评估盈利与亏损的平衡点是保证控制效果满足造价控制要求的关键，只有保证盈亏平衡点的确定符合电力工程的实际情况，才能使项目决策者做出正确的决定，有效避免电力工程项目出现亏损的可能，达到利国利民的施工目标和项目目标。

（2）层次分析法。层次分析法（analytic hierarchy process，AHP）是一种定性分析和定量分析结合的多目标系统分析方法。它根据问题的性质和要求达到的总目标，将问题分解成不同的分目标、子目标，并按目标间的相互关联影响及隶属关系分组，形成多层次的结构。通过两两比较的方式确定层次中诸目标的相对重要性，同时运用矩阵运算确定出子目标对其上一层目标的相对重要性，这样，层层下去，最终确定出子目标对总目标的重要性。

由于城市发展的要求不断提高，电力需求持续增加，地区电网亟待做出相应的改造和扩建。但满足技术可行性的方案众多，需要综合考虑特定地区的环保、经济、发展潜力等多种影响因素进行方案优选。将 AHP 与关联函数的优度评价法相结合，考虑了投费用、系统可靠性等因素进行综合评判。基于三角模糊数的模糊 AHP，为城市电网规划决策综合评判提供了一种新思路。换流站、变电所的选址是电网工程设计规划中的关键一环，选址工作与负荷分配、现有电网状况、线路走廊、所址地形地质、防洪防污、城乡发展规划等因素密切相关，给选址增加了难度。将 AHP 与模糊综合评判法结合，对被选所址进行综合评判，为选址提供了科学依据。

（3）成本效益法。电力工程项目中涉及技术种类较多，受技术种类不同的影响，不同技术的应用方式与应用成本差异性较大，提高了技术经济造价控制的难度。因此为了合理控制工程造价，可以将成本比例、成本构成等关键性指标作为技术经济分析的要点，对电力工程项目的相关技术方案的成本效益进行对比，以此选出最经济适用的技术方案。

应用该控制方法时需注意以下问题：第一，控制人员了解项目所需不同技术的特点，并对不同技术特点进行分析，找到不同技术之间潜在的共同点；第二，根据影响技术成本的因素对技术进行经济分析，按照成本分析的结果为电力工程施工所用不同技术分配投资比例。对技术进行分析有助于提高工程资金的利用率，造价控制人员可将不同电力工程施工方案与分析结果进行比较，明确造价合理波动范围，从而选择经济价值最高的技术方案。技术严重影响电力工程造价，影响技术方案造价的因素有方案适用范围、实践应用效果与落实难度等，其中技术成本分配比例为方案造价评估主要指标，对技术造价进行合理控制有助于缩减项目的经济成本，达到造价控制的目的。

（4）价值工程法。价值工程法常用于电力工程的设计阶段，这种造价控制法通过评估电力工程设计方案各因素对造价的影响，及时调整设计方案，完成电力工程造价控制工作。完整设计方案中应包含施工人员安排、工程施工设施规格与操作、电网运行方式等，这些因素都会影响造价人员评估设计方案的结果，因此优化设计方案中各种因素的组合方式至关重要。

首先，造价控制人员应对设计方案进行总体分析，结合电力工程项目的实际情况，对电力工程项目蕴藏的经济价值进行评估；其次，根据工程价值评估的结果进行项目顶层设计，顶层设计方案应与工程不同阶段的特点相适应；最后，按照顶层设计的结果完成总体工程方案设计，合理协调电力工程各项施工活动，优化各个阶段施工质量的同时降低施工所需成本，提升电力工程的整体价值。使用该方法设计出的工程方案具有极高的经济价值，并能够保证该电力工程施工质量上乘，大幅度提升电力工程的实际效益，充分发挥该电力工程对经济发展的促进作用。

（5）概率分析法。概率论是该造价控制方法的理论基础，采取这种方法对电力工程造价进行控制可将不确定因素的影响纳入管理范围，避免突发风险对造价工作结果的消极影响。使用概率分析法开展工作，每一步都会对计算结果产生严重影响，造价人员务必严谨执行计算过程，保证计算结果的准确性。第一，全面了解电力工程项目的实际情况，并结合以往工作经验确定影响造价评估结果的因素。第二，获取影响造价结果因素的数据信息，并反复核实数据信息，确保信息的真实准确性，为后续计算工作开展打下坚实基础。第三，根据获取到的数据进行造价计算，得出造价结果及合理波动范围。第四，依据评估结果对电力工程项目进行调整，及时采取有效措施降低电力工程施工中不必要的经济支出。电力工程造价受多种因素的共同影响，而概率分析法可帮助造价控制人员在施工开始前对项目施工情况进行预判，减少潜在影响工程造价的因素，避免电力工程项目施工中发生重大风险提高工程造价。

5. 技术经济分析的内容

（1）施工阶段的技术经济评价的内容。由于电力工程项目的特殊性，其施工过程往往呈现周期长、施工范围大的特点，又因为施工的成本较高，所以在整个工程造价控制过程中，这一阶段的管控内容最为复杂，也最为重要，是影响电力工程造价控制结果的关键环节，研究有效的造价控制方法是造价人员的核心工作内容。但是影响项目成本准确性和造价控制成效的因素较多，为了便于工作开展，运用工程技术经济分析可以科学严谨地审核和筛选施工方案，并给出降低工程造价的可行性方案。例如调整施工技术、合理地选择替代材料、调整施工计划，此外还能够发现实际施工中的不合理之处，并科学地处理工程变更情况以及经济索赔情况，严格把关设计变更，避免非必要的变更情况，对于必须变更的内容也能加强审核，规范其变更管理，尽量减少因变更造成的多余成本支出。

为保证施工环节造价控制效果达到预期目标，造价控制人员在工作过程中需注意以下问题：第一，要将经济技术分析法应用于施工每一处细节，确保施工严格按照施工方案执行，避免实际施工情况与施工方案不符增加施工成本；第二，参与施工过程中原材料购买等工作，选择价格低质量好的原材料用于电力工程施工，降低造价成本的同时保证施工的质量；第三，加强施工监管力度，及时发现并解决施工中出现的质量问题，在未产生不良影响前进行补救，以免造成严重的经济损失。在施工过程中从经济管理角度出发控制造价作用显著，同一项目采用技术经济分析方法后可大幅节省造价成本，实现工程造价控制的同时有助于提高电力工程的施工质量，对电力行业发展起到推动作用。

（2）施工阶段多方案比选及指标权重确定。

1）层次分析法。目前在综合评价研究中最为典型的是层次分析法，属于运筹学领域，其将各种元素进行分解，然后进行定性和定量分析进行决策。该方法易于理解，且应用广泛，但其存在有一定主观性，尤其在各个评价指标权重设定时主要依靠人工经验，具有较大的随意性，缺乏科学理论支撑。因此，电力工程经常选择 AHP 方法作为基础评价模型并进行优化，结合熵权方法对各个评价指标权重进行修正，实现定性与定量指标的结合以及主观与客观权重确定的结合，使评判结果更符合实际。基本思路是基于电网工程的实际需求，首先构建层次结构评价指标体系，依据 G1 权重法两两比较确定各个评价指标的重要性，并对一致性进行检验；其次，结合熵权思想修正评价指标权重，得出各级指标的最终权重；最后依据模糊综合评价数学模型，确定评价等级和隶属度，根据计算结果，得出评价结论。

2）熵权 TOPSIS 法。TOPSIS 法（technique for order preference by similarity to an ideal solution，TOPSIS）是一种以空间统计学为基础的综合评价方法，能充分利用原始数据的信息，结果能精确地反映各评价方案之间的差距。是一种通过将统计数据映射到多维坐标系中，然后确定出正理想值点与负理想值点，最后通过计算统计数据与理想值之间的离差或距离来进行评价的方法。

基本过程为先将原始数据矩阵统一指标类型（一般正向化处理）得到正向化的矩阵，再对正向化的矩阵进行标准化处理以消除各指标量纲的影响，并找到有限方案中的最优方案和最劣方案，然后分别计算各评价对象与最优方案和最劣方案间的距离，获得各评价对象与最优方案的相对接近程度，以此作为评价优劣的依据。该方法对数据分布及样本含量没有严格限制，数据计算简单易行。

3）模糊聚类算法。在电力工程的一系列数据分析模型中，聚类分析是一项重要而基础的模型。基于聚类模型，可以对大量数据的潜在规律进行挖掘，或从无规律的原始数据中提取信息，为进一步的数据分析提供基础。

模糊聚类算法是一种应用广泛的迭代计算数据聚类算法。在该算法中，引入了模糊理论中的隶属度函数，从而使得一个数据样本可以同时从属于几个不同的聚类，并通过隶属度对属于各个聚类的程度进行衡量。与 K 均值聚类算法相比，模糊聚类算法通过引入隶属度函数，将聚类迭代计算过程中的目标函数和约束条件的取值范围转变为连续数值，从而简化了迭代计算的过程，使聚类的总体流程更加简便、快捷。

8.1.2　南通道换流站钢结构施工方案的比选

由于南通道换流站涉及阀厅网架结构部分的单元分散，且整体工程体量庞大，施工任务复杂程度高。为落实工程造价精准管控工作，推动造价控制措施前移，在实际施工的过程中需要根据网架的实际结构来选择合适的阀厅网架提升施工方案，确保施工方案经济、可行、安全的总体施工目标。

1. 工程概况

南通道阀厅分为换流单元 1 阀厅（狮洋侧和沙角侧）和换流 2 单元阀厅（狮洋侧和沙角侧），本次安装区域为正方四角锥双层网架结构，网架结构最大安装标高为＋27.000m。根据结构布置特点、现场安装条件以及提升工艺的要求，换流单元 1 阀厅（狮洋侧和沙角侧）和换流 2 单元阀厅（狮洋侧和沙角侧）钢网架提升范围为结构的 1～13 轴×A～E 轴之间，结构最大跨度为 144m，最大进深 58.5m，自身高度为 3～6 m，提升高度为 21m，换流单元 1 阀厅（狮洋侧和沙角侧）和换流 2 单元阀厅（狮洋侧和沙角侧）分为提升一区、二区提升重量分别为 483t、491t，四个阀厅提升总重量为 1948t。

广能发针对网架结构工程实施进行了专业且深入的研究，并就网架提升联合多方专业团队开展远程液压同步控制系统专题研究，过程中向业主、监理、咨询等单位进行充分调研，同时组织相关技术团队反复开展技术论证，确保项目顺利实施。

2. 大跨度钢结构建筑施工方案

(1) 高空散装法。高空散装法，也被称为现场组装法，是中国最常见的钢结构架设和施工方法，是一种早期的施工方法，相对简单。在高空散装施工中，通常在结构的安装位置下方搭建一个完整的脚手架或其他临时支撑架，在起重机械将单元的部件吊到安装位置后，在空中对结构进行组装和焊接。

这种方法一般适用于以下应用：安装高度低、跨度小、不方便用起重机械吊装的结构，如螺栓连接的球状框架或空心球状框架。在吊装之前，应根据高空作业条件合理设计装配顺序，保证部件的装配精度，以减少高空作业中可能出现的累积偏差。许多临时支撑系统的使用需要进行稳定性检查，以确保承载力满足施工要求和施工安全。在安装过程中，必须对安装进行测量和校准，必须严格控制轴向位置和高度的任何偏差。在结构的卸载阶段必须制定适当的支撑座措施。为确保安装的准确性，应进行施工监测。这种方法的优点是可靠、易操作，能有效保证安装质量，但高空散装法在安装时需要搭建大量的脚手架，增加了施工成本，也对施工速度和效率产生了影响。

（2）单元吊装法。单体式吊装法，是将构件整体进行分块或分成条状后进行吊装的方式。当对构件整体进行合理分类之后，先在地面上拼装好的吊装单体，而后由各单体将块体或条单体吊在安装地点上就位，最后再采用人工高空连接方式来完成各构件分段与嵌补部分的衔接，从而使各拼装单体进行成型的方式。单体式吊装法施工于高空。而单元吊装法各划块及部分条单体件的成型工作均是直接在地面完成，仅有少部分连杆件搭设时需到高处进行补装，因此能够节约大量的拼装支撑架，从而降低了作业重量，增加了建筑效果。由于划块及单体重量与现场既有的起重设施相对适宜，因此能够利用既有设施，从而增加了设备的利用率。

单元吊装法通常应用于划块及单元装置，吊挂过程中对于刚性和变形等对自身结构损害较小的构件，在必要时还需采取临时性加强保护措施，因此通常应用于安装高度较小的中小型构件安装。但因为受大跨度结构质量和挠度等问题的影响，该方法施工难度主要在于对单体的分割方式和长度的限制。

（3）整体提升法。整体提升法中的构件总体都是先在地面进行拼装，用于吊装作业的支杆预先安装在结构柱和吊装框架上，而吊装设备和吊装工具则安装在支杆上。框架用于将整个结构提升到其设计位置。根据结构的不同装配位置，可以分为现场装配和非现场装配：现场装配是指结构和下层支撑在安装地点的地面投影处的错位组装，一旦装配完成，整个结构就会被吊装到位；非现场装配是指在最近的地方完成整体组装后，在现场组装受到限制的情况下，将结构移到原设计地点的一种方法。两种方法都要求严格控制施工流程的协调同步，以避免在施工过程中构件变形超过规定条件，在利用结构柱本身进行抬升建设时，还必须先对结构柱做稳定性试验，这是必要的，以避免在吊装过程中发生过大的弯矩。吊装结构只有在通过检查后才能执行。

整体提升法具有操作安全的优势：因为结构可以组装成型，然后整体吊装，不需要在工地中间安装许多临时支撑架；整体吊装结构不受重量和跨度的影响，应用范围广；结构的整体组装和焊接在地面完成，结构的焊接质量好，组装质量高，杆件的组装和吊装速度快，减少了施工周期，具备了良好的经济效益特性。

（4）整体顶升法。整体顶升法在施工上和整体提升方法比较接近，都是先将构件在地面上提前拼装完毕之后，再使用起重装置将地面构件全部安装完毕。整体顶升法在地面构件下部配置了顶升工程装置，通过油缸的活塞运动来将地面构件顶升至规定的位置，并使用原构造柱成为构件上升轨迹。整个顶升系统过程中通常不能一次到位的，还需要同时做到对高空悬停体系的稳定性控制，在地面设有支撑结构时需要对支撑架的稳定性进行试验，在使用结构柱进行支承构件时，还需要试验构造支柱的稳定性。

使用整体顶升法的好处是对原有构件的损伤极小，成本相对较低，安全性较高，空中工作规模小，对整体结构工程质量有一定保证，但不能忽略的是对其他临近工序的限制和阻碍，因为需要在设计安装位置底部设置顶升设备和工具，对场地面积的占用过多，前面工序未完成时后面工序只能处于施工准备阶段。这种解决方案适用于大跨度的坚固屋顶系统和小支点的网格结构的安装，但由于升降机的范围有限，也不适合在需要提升过高的结构上安装。

（5）高空滑移法。高空滑移法是指将构造单位拼装成形后，在主要构件上布设滑动轨迹，再利用牵引力或顶推等装置使构造单位滑移到位，并滑动规定距离后再接着与拼装的下一组单位同步滑动，如此逐段进行直至结构整体滑移到规定部位的方法。

这种方式比较新颖，近年来多运用在展厅、体育场馆、机场航站楼等大跨度钢结构建筑工程。高空滑移法随着建筑方法的变化，可细分为逐条累积滑移法、支架滑移法和单条滑移法三种。对于大跨度结构应用的高空滑移法，同其他建筑方式比较，有着如下优点：支架搭设少，施工周期较短；在施工过程中，组件通常通过牵引或顶推设备滑入设计位置，从而降低了大型升降装置的使用；滑动单元块结构的设置是为了在滑动前能预先组装好各部件，能大大提高滑移安装质量；由于临时支护量较少，影响或限制现场施工条件较小，也不会影响其他施工的正常进行。但该工法的问题在于滑移轨道的设计和安装，因此必须对滑槽的形状、稳定性等加以合理限制，并且由于结构在施工过程缺少横向约束，滑移过程中挠度会提升，因此通常采用增设临时支护架以及预起拱的办法，来降低挠度。

（6）钢结构施工方案对比分析。在对各种施工方法的适用情况、优缺点和特点等分别做出了详细描述的基础之上，针对南通道换流站，为了更清晰准确地描述该工程案例不同方案的可行性概率，并方便后续的专家学者对各个方案的对比分析和评价，接下来将对施工方案评价体系的指标划分为 9 个层面，分别为高空作业量、过程安全管理难度、施工工艺难度、技术复杂程度、构件拼装质量、施工组织难度、对其他工序影响程度、场地限制程度、施工对地面占用程度，具体分析见表 8.1。

表 8.1　　　　　　　　　　　　南通道换流站钢结构施工方案对比分析

指标	高空散装法	单元吊装法	整体提升法	整体顶升法	高空滑移法
高空作业量	杆件的拼装全过程都需要在高空操作，高空作业量最大	吊装单元在地面进行拼装，分块或分条单元连接部分需在高空补装	结构整体在地面拼装成型，仅需要高空补装吊点附近少量杆件	与整体提升法类似	滑移单元桁架之间的连接需要在高空操作平台进行
过程安全管理难度	高空作业人员较多，需要吊装机械全程配合，全程都需要严格的安全管理	主要体现为起重作业和部分高空作业的安全管理	主要为构件吊运工作的安全管理	主要为顶升过程中的作业安全管理	主要为高空作业安全管理

续表

指标	高空散装法	单元吊装法	整体提升法	整体顶升法	高空滑移法
施工工艺难度	施工工艺简单，构件直接原位拼装，易于掌握	工艺简单，单元拼装好后利用大型机械吊装	工艺较为简单，整体拼装好后需要把结构移至场地内提升过程需进行过程监测	工艺较为简单，整体拼装好后顶升至设计位置，需进行过程监测	需要专业指导和过程监测
技术复杂程度	技术成熟，经验丰富人员较多	技术成熟，对大型起重机械依赖性强	技术较为成熟，需要在结构柱上安装大型起重设备，柱的承载力满足方可提升	技术较为成熟，但安装高度较高，对顶升设备的顶升高度要求高	技术较为成熟，滑移轨道及构件变形满足规范方可施工
构件拼装质量	由于高空作业，构件拼装精准度相对不高	构件分块地面拼装，拼装质量较好	地面整体拼装，能最大程度保证拼装质量	与整体提升法类似	构件分块拼装好后进行滑移，拼装质量较好
施工组织难度	构件经逐个散拼成型，作业人员及机械的调配难	可以边拼装边吊装，难点在于起重机械的调配	结构拼装成型后一次吊装到位，难点在于结构整体平移过程	与整体提升法类似	边拼装边滑移施工，可充分利用资源
对其他工序影响程度	在施工全过程中，钢结构下方工序都无法开展	部分工序可以穿插进行	结构提升过程中其他工序无法开展	与整体提升法类似	基本不影响其他工序的开展
场地限制程度	由于需要原位搭设满堂脚手架，受地面限制，脚手架搭设难度很大	由于结构跨度较大，且大型施工机械不能进入场地内，导致吊装难度很大	可在安装部位正下方进行拼装，拼装完成后，统一提升	顶升点的设置受到一定的限制，需要避开核心筒位置	滑移轨道架与两边结构柱上，基本不受到下部场地的限制
施工对地面占用程度	被提升区域下方地面需要全部占用	高空补装时需要搭设部分脚手架，占用场地不多	被提升区域下方地面需要占用	与整体提升法类似	对地面场地占用较小

3. 施工方案对比分析

（1）方案评价指标建立分析。南通道换流站钢结构施工方案受诸多要素的影响，最重要的是确定起决定性作用的几个重要指标，基本上可以将这些指标分为两大类，一种是定量指标，另一种是定性指标。定量指标主要考虑经济技术指标及工期的等影响因素，也就是可以用数量准确表示出来的指标；定性指标主要考虑那些较为模糊的因素，也就是不可能或很难用数字表示出来的定性指标，这些模糊因素虽然不能直接量化考虑，但是可以使用数学方法将其转化为数值指标。本工程最初拟定了五个方面的一级指标，为了准确描述各自特点再次细分为 11 个二级指标，通过专家评审意见进行汇总分析，确定最终综合优选方案评价指标为 7 个，分别为总费用、施工效果、施工难易程度、施工相互干扰程度、施工工期、施工文明程度、施工产生次生灾害可能性，指标建立分析如图 8.1 所示。

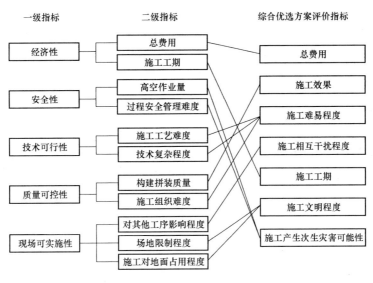

图 8.1　评价指标建立图

根据以上分析内容，将主要影响因素确定为以下 7 个：总费用（I_1）、施工效果即稳定安全系数（I_2）、施工难易程度（I_3）、施工相互干扰程度（I_4）、施工工期（I_5）、施工文明程度（I_6）、施工产生次生灾害可能性（I_7），其中 I_1 和 I_5 为定量分析指标，其余都是定性分析指标。

（2）施工方案优选方法。

1）基于信息熵的施工方案多指标综合优选。在优选方法的衡量指标中，既包括了定量的指标，又包括定性的指标。对定量的指标，使用其实际发生的数值来表示；对于定性的指标，可以由专家们根据相应的评估标准来判断。因为信息熵值代表着系统的一个不确定性，信息熵值与其信息量成反比。例如信息熵值越小，代表着此指数隐藏的信息量也就越大，从而其指数权重也越大；当指标中的信息熵值越大时，该指标中所蕴含的数据信息量也越小，从而其指数权重也越小。在决策优选的过程中，管理者所得到数据资料量的多寡是决定结果准确性和决策精度高低的关键因素之一，而以信息熵为重要理论基点的优选决策过程中，则是一项不可或缺的衡量标准。

在实施评估时，对生产成本和工期等定量分析各种因素使用了现实测算的数据，对定量分析各种因素按照经验法予以评分，打分则按照"逻辑语言尺"执行（见图 8.2）。使用"逻辑语言尺"在评估某些定性因素时，可以把好差等评判标准放在连续的话语尺上，这样便于把专家学者的评价以分值的形式显示出来，从而减少了其他各种因素对专家学者评判标准的影响，也可以增加了决策的准确性，最终，可以将两大类指标全部转化为量化指标。

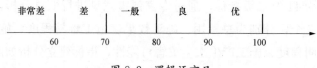

图 8.2 逻辑语言尺

针对本项目中钢结构工程施工安装的特殊性，结合现场建筑环境复杂等多种原因，对五种网架钢结构施工方法进行方案优选，各自编号分别如下：高空散装法（P_1）、单元吊装法（P_2）、整体提升法（P_3）、整体顶升法（P_4）、高空滑移法（P_5）。

按照相似施工经验和建筑材料的在当地市场价值进行费用估计，方案的工期则根据施工组织安排和相似的施工经验来进行合理安排，从而得出不同方法的总费用和工期预估量。定性依据打分结果分别由十位具备丰富的施工经验专家完成，各专家的权重默认相同，取各评分结果的平均数，具体评估结论见表8.2。

表 8.2   评 价 指 标 分 值

方案指标	方案						
	I_1	I_2	I_3	I_4	I_5	I_6	I_7
P_1	540	68	92	62	200	60	50
P_2	680	83	85	80	180	75	45
P_3	890	90	72	75	120	82	36
P_4	945	90	73	74	165	79	38
P_5	960	85	75	86	150	83	40

上表中的 I_2 和 I_6 为效益类的指标，I_1、I_3、I_4、I_5 和 I_7 为成本类的指标，指标含义不同，为能够统一对各个指标进行比较分析，这时可以利用式（8.1）和式（8.2）对上表进行标准化数据处理，并获得了决策矩阵 R，见表8.3所示。

对于效益型因素指标：
$$r_{ij} = \frac{a_{ij}}{\max a_{ij}} \tag{8.1}$$

对于成本型因素指标：
$$r_{ij} = \frac{\min a_{ij}}{a_{ij}} \tag{8.2}$$

规范化后的矩阵为
$$R = (r_{ij})_{n \times m}$$

表 8.3   决 策 矩 阵 R

方案指标	方案						
	I_1	I_2	I_3	I_4	I_5	I_6	I_7
P_1	1.000	0.756	0.783	1.000	0.600	0.723	0.720
P_2	0.794	0.922	0.847	0.755	0.667	0.904	0.800
P_3	0.607	1.000	1.000	0.827	1.000	0.988	1.000
P_4	0.571	1.000	0.986	0.838	0.727	0.952	0.947
P_5	0.563	0.944	0.960	0.721	0.800	1.000	0.900

由式（8.3）得到列归一化矩阵 $\boldsymbol{P}$：

$$p_{ij} = \frac{r_{ij}}{\sum\limits_{i=1}^{n} r_{ij}} \tag{8.3}$$

$$P = \begin{bmatrix} 0.2829 & 0.1636 & 0.1711 & 0.2403 & 0.1581 & 0.1583 & 0.1649 \\ 0.2246 & 0.1995 & 0.1851 & 0.1863 & 0.1758 & 0.1979 & 0.1832 \\ 0.1717 & 0.2164 & 0.2185 & 0.1988 & 0.2636 & 0.2163 & 0.2290 \\ 0.1615 & 0.2164 & 0.2155 & 0.2014 & 0.1916 & 0.2085 & 0.2169 \\ 0.1593 & 0.2042 & 0.2098 & 0.1733 & 0.2109 & 0.2190 & 0.2061 \end{bmatrix}$$

由式（8.4）计算属性 u（$j = 1，2，\cdots，7$），输出的信息熵 E_j

$$E_j = -\frac{1}{\ln n} \sum_{i=1}^{n} p_{ij} \ln p_{ij} \tag{8.4}$$

$E_1 = 0.9831$，$E_2 = 0.9970$，$E_3 = 0.9973$，$E_4 = 0.9962$，$E_5 = 0.9901$，$E_6 = 0.9960$，$E_7 = 0.9958$。

用式（8.5）计算属性权重向量 w：

$$w_j = \frac{1 - E_j}{\sum_{k=1}^{m} (1 - E_k)} \tag{8.5}$$

$\boldsymbol{W}_{(1,2,3,4,5,6,7)} = （0.3788，0.0681，0.0616，0.0861，0.2215，0.0891，0.0948）$；

由式（8.6）计算方案 P_i 的综合属性值 $Z_i(w)$（$i = 1，2，3，4，5$）：

$$Z_i(w) = \sum_{j=1}^{m} r_{ij} w_j \tag{8.6}$$

$Z_1(w) = 0.8302$，$Z_2(w) = 0.7866$，$Z_3(w) = 0.8351$，$Z_4(w) = 0.7529$，$Z_5(w) = 0.7504$。

基于以上计算结果，此方案优化排序结果如下：$P_3 > P_1 > P_2 > P_4 > P_5$；因此可以得到最优方案为 P_3，其次分别为方案 P_1、P_2、P_4 和 P_5。

2）基于灰色系统的大跨度钢结构施工方案评价优选。灰色系统理论是一种描述和管理各种不确定性信息系统的理论与方法。灰色系统策略是指系统中含灰度的策略。对于一个方案的优选，在灰色系统中的灰色关联分析对样本数量的大小以及样品的无规律性都一样有效，并且由于操作数量较小，应用相对简单，而且不易发生计算结果和定性结论完全相悖的情形，因此可以在一定程度上克服在采用传统的数理统计方式做系统分析时所产生的问题。

在使用灰色系统的大跨度钢结构建筑施工方式评价优选方式中，由于希望在不同方法间可以共享一组数据信息，从而使得原有数据信息更为具备通用度和普遍性，因此继续使用信息熵方式处理过后的决策数据表，而且必须通过对原有数据信息的决策矩阵加以标准化，才能完成下一次的计算。为了便于估算灰色关联度，从以上这五种方法中，结合不同指标所代表的意思以及它们间的关联程度和数值大小，挖掘出一种最理想的实施方法，即为目标方法集，但这种理想方法并不一定真实，仅为估算各个方法与它的联系程度，决策数据见表 8.4。

表 8.4 决策矩阵 Q

方案指标	方案						
	I_1	I_2	I_3	I_4	I_5	I_6	I_7
P_1	1.000	0.756	0.783	1.000	0.600	0.723	0.720
P_2	0.794	0.922	0.847	0.755	0.667	0.904	0.800
P_3	0.607	1.000	1.000	0.827	1.000	0.988	1.000
P_4	0.571	1.000	0.986	0.838	0.727	0.952	0.947
P_5	0.563	0.944	0.960	0.721	0.800	1.000	0.900
目标	1.000	1.000	1.000	1.000	1.000	1.000	1.000

按计算灰色关联度的计算式（8.7）：

$$r[x_0(k),x_i(k)] = \varepsilon_i(k) = \frac{\min\limits_i \min\limits_k |x_0(k)-x_i(k)| + \zeta \max\limits_i \max\limits_k |x_0(k)-x_i(k)|}{|x_0(k)-x_i(k)| + \zeta \max\limits_i \max\limits_k |x_0(k)-x_i(k)|}$$

(8.7)

其中，取 $\zeta = 0.5$。

计算得到各个方案和目标系统之间所对应的灰色相互关联性系数后，将所得的这些灰色相互关联性系数综合组成关联性表，计算其综合关联度，具体见表 8.5。

表 8.5 关联系数表

方案指标	方案						
	I_1	I_2	I_3	I_4	I_5	I_6	I_7
P_1	1.0000	0.4505	0.4796	1.0000	0.3333	0.4193	0.4167
P_2	0.6564	1.0000	0.7653	0.6245	0.4895	0.9314	0.6671
P_3	0.3333	1.0000	1.0000	0.5318	1.0000	0.9424	1.0000
P_4	0.3333	1.0000	0.9387	0.5697	0.4400	0.8171	0.8019
P_5	0.3333	0.7960	0.8453	0.4392	0.5221	1.0000	0.6860
权重	0.3788	0.0681	0.0616	0.0861	0.2215	0.0891	0.0948

结合熵权法给出的权重向量，再根据公式 $r_j = \sum\limits_{k=1}^{n} \varepsilon_j(k)w(k)$，计算各个方案的综合灰色关联度。

综合关联度计算结果如下：

$r_1 = 0.6758$，$r_2 = 0.6723$，$r_3 = 0.7020$，$r_4 = 0.5475$，$r_5 = 0.5401$。

基于以上计算结果，此方案优化排序结果如下：$P_3 > P_1 > P_2 > P_4 > P_5$；

因此可以得到最优方案为 P_3，其次分别为方案 P_1、P_2、P_4 和 P_5。

本工程设计中，网架结构最大安装标高为＋27.000m，若选择分件高空散装，不仅高空施工、焊接组装工程规模较大，且现场设备很难达到吊装条件，另外高空支撑架需求量大且安装困难，增加高空作业的风险，因此具有很大的结构安全、工程质量风险性，建筑施工的难度较大，不利于钢构件现场安装的安全、质量和对施工进度的管控。

基于以上的方法优选评估结论和以往同类建筑的经验，本工程网架钢结构采用的施工方案是整体提升法，将结构在安装部位的正下方地面拼装成为总体后，再运用"超大型构件液压同步提升工艺技术"使之总体提高完毕，大大降低了安装施工难点，此方案对于产品质量、安全性、工期管理以及施工成本控制等都有较大优势。

4. 网架结构专项施工方案

（1）总体构思。南通道换流站的柔性直流阀厅跨度达 65m，为目前国内最大跨度阀厅。本工程中，阀厅屋面网架最大安装标高为＋27.0m，若采用分件高空散装，不但高空组装、焊接工作量大、现场机械设备很难满足吊装要求，而且所需高空组拼胎架难以搭设，存在很大的安全、质量风险。

阀厅屋面采用钢网架方案。钢网架具有空间受力、重量轻、刚度大、抗震性能好等优点，但是也存在杆件数量众多、设计复杂、容易发生碰撞等问题。如果采取以往的设计管理流程，各参建单位往往各自为政，最后汇总时导致反复修改、时间延长。相比传统造价管理方式，利用工程造价精准管控大数据平台，给参建单位提供一个标准的施工建模平台，通过集成项目各类信息，有效地提高了设计准确率和效率，避免了可能存在的返工的问题。

针对 1 号阀厅沙角电厂侧网架，施工单位初步明确施工总体思路。首先，将钢结构提升单元在其投影面正下方的地面上拼装为整体，同时在屋面结构层（标高＋21.0m）处，利用格构柱和联系桁架设置提升平台（上吊点），在钢结构提升单元与上吊点对应位置处安装临时管（下吊点），上下吊点间通过专用底锚和专用钢绞线连接。利用液压同步提升系统将钢结构提升单元整体提升至设计安装位置，补装后装杆件，完成安装。

（2）网架提升方案。南通道换流站作为世界上容量最大的柔性直流背靠背工程，广能发在处理阀厅网架提升作业时，第一时间成立攻坚小组，在参考之前±800kV 龙门换流站阀厅建设经验的同时，针对本次网架提升的技术要点以及作业步骤，积极联合业主、设计、监理单位，以及系统内外的专家进行多次评审、论证，最终形成了技术可行、经济合理的"网架结构远程控制液压同步提升技术"专项网架提升方案。方案中涉及的关键设备与系统包括 YS-SJ-75 型液压提升器、YS-SJ-180 型液压提升器、YS-PP-15 型液压泵源系统、YS-CS-01 型计算机同步控制及传感检测系统。

通过将结构在安装位置的正下方地面上拼装成整体后，利用"超大型构件液压同步提升技术"将其整体提升到位，将大大降低安装施工难度，于质量、安全、工期和施工成本控制等均有利。

换流单元 1 阀厅（狮洋侧和沙角侧）和换流 2 单元阀厅（狮洋侧和沙角侧）提升施工

范围为1~13轴交A~E轴，由于结构布置及提升工艺的要求，所有与格构柱和联系桁架干涉的杆件需要待网架提升单元到位后方可安装。本次阀厅提升区域和结构立面布置如图8.3、图8.4所示。

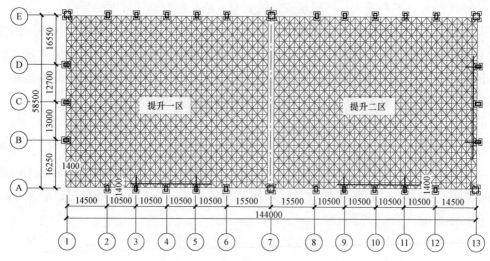

图8.3　阀厅提升区域示意图

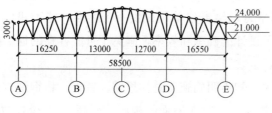

图8.4　结构立面布置图

换流单元1整体提升各设置16组吊点。网架施工顺序为：先提升换流单元1阀厅（狮洋侧）网架结构，然后提升换流单元1阀厅（沙角电厂侧）网架结构。换流单元2阀厅（狮洋侧、沙角电厂侧）参照换流单元1阀厅执行。每组吊点配置1台YS-SJ型液压提升器，同一时间共8台设备工作。换流1单元阀厅升吊点平面布置如图8.5所示。

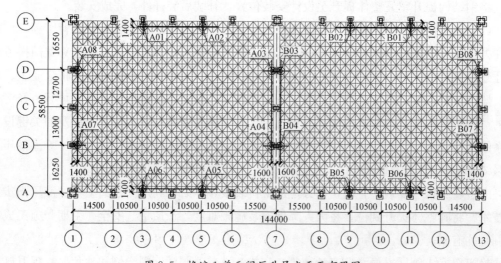

图8.5　换流1单元阀厅升吊点平面布置图

在网架提升中还需特别对网架安装形变进行动态监测，根据设计图纸及参考网架结构专项施工方案，提升过程中监测项目包括网架中心挠度值、应力监测、基础不均匀沉降监测。网架提升形变监测点统计见表 8.6。

表 8.6   网架提升形变监测点统计

项目	拟安装监测点数量（个）		
应力监测	阀厅网架上弦	40	合计 176（每点安装两个表面应变计）
	阀厅网架下弦	48	
	临时杆及替换杆	48	
	阀厅网架腹杆	40	
挠度监测	30		
不均匀沉降监测	32		

（3）网架整体提升效果。通过对网架提升全过程进行数字仿真模拟，采用三维数字化软件进行空间碰撞检查，将整个结构提升过程进行可视化的仿真模拟、动态分析，对整个结构提升过程中利用 BIM 技术辅助建造流程的事前预判分析，充分考虑最大施工偏差情况，设定偏离预警机制，实现对网架提升的实时监测，确保提升过程的安全可靠，有效地避免了碰撞等问题发生。

换流 1 单元沙角侧阀厅网架总重量 491t，利用超大型液压同步提升施工方法，在全体项目人员的共同努力和全方位的实施监控下，历时 4 个多小时顺利完成提升。经项目部技术人员的精准复测，阀厅的轴线、标高、挠度符合设计及规范要求。网架现场实时检测复核图如图 8.6 所示。

图 8.6 网架现场实时检测复核图

基于数字化决策与智慧化建造的双重保障，该大跨度钢结构建筑最终在预计工期前、保质保量和安全的前提条件下成功地提升至预定高度，并顺利完成高空对接任务。阀厅网架钢结构整体上升图如图 8.7 所示。

南通道换流站 1 单元沙角侧阀厅网架的顺利提升，标志着该项广东电网东西分区异步联网的重要通道进入建设快车道，为后续阀厅网架的建设任务奠定扎实的基础。

项目施工紧密结合物联网、云计算、人工智能、移动应用等技术手段，将虚拟建造和现场智能管控结合，建立数字模型与项目全过程的全景可视化工地，实现大型电力工程现

图 8.7 阀厅网架钢结构整体上升图

场"数字孪生"，支撑施工现场进度、质量、安全、成本、资源数字化管控。对比历史同类网架提升方案，本项目阀厅的整体提升方案无论是在材料投入量还是人工消耗量都相对较小，节约了项目施工成本近千万元。从实际效果上看，在后续同类项目的建设中，应当立足于工程造价精准管控思想，将数字化技术应用于换流站施工阶段的各环节中。

8.1.3 南通道换流站基于赢得值法的动态成本管控分析

在换流站工程项目建设过程中，传统的成本控制方法是将成本与进度分开控制，当造价管理人员发现费用超过或低于预算的时候，难以快速、准确地判断是费用问题还是项目进度的问题。而赢得值法克服了这种缺陷，将进度与费用综合分析评价，使成本控制更加全面。因此，采取赢得值法在项目实施过程中进行动态成本控制，能够使得造价管理人员在项目实施过程中，通过计算相关参数及指标，对比发现偏差，找出发生偏差的原因并采取相应的措施纠偏。

1. 工程概况

A 包主控楼是南通道换流站此标段下的主要生产建筑，其土建基础工程则是 A 包主控楼建设的关键环节，也是 A 包主控楼后面所有工程的基础。依据实施阶段工程造价风险的因素分析，施工过程中不合理的变动对造价的影响较大，应注意施工过程中的商务协调、施工技术难度控制和评审等对造价的影响。

因此，以 A 包主控楼土建基础工程为例来进行动态成本管控分析。其中，按施工计划安排截取九项拟完成关键分项工程，包括土石方工程、地下室钢筋混凝土底板、地下室混凝土墙、混凝土底板防水、地下室墙侧壁防水、钢板桩支护、电梯井墙（混凝土）、钢筋混凝土框架、钢筋混凝土楼板。

2. 赢得值法分析

（1）赢得值法的关键参数。依照赢得值操作原则，要对三个基本参数和两个基本性能参数进行确定，而三个基本是 BCWS、BCWP、ACWP；两个基本性能参数是 CV、SV，通过执行相关参数来预测工程项目的可能完成时间和成本。为了方便后续的进一步分析，有必要反映过程项目的造价成本所存在的上下波动以及波动变化趋势。

1）基本参数。

a. 计划工作预算费用（BCWS）。根据项目时间节点工作应当完成情况，以预算价格为依据，对全项目完成所需资金进行估算分析。

b. 已完成工作预算费用（BCWP）。根据项目时间节点工作已完成情况，以预算价格为依据，对全项目完成所需资金进行估算分析。

c. 已完成工作实际费用（ACWP）。根据项目时间节点已完成工作情况，以实际价格为依据，对全项目完成所需资金进行估算分析。

2）评价指标。

a. 费用偏差（CV）。一项活动的预算成本与实际成本之间的差值，通常分为局部费用偏差和累计费用偏差。

b. 进度偏差（SV）。已完成工作预算费用和计划工作预算费用之间的差值。

c. 费用绩效指数（CPI）。费用效率指标可以综合显示项目资金使用合理性，对项目费用效率进行综合衡量的指标。

d. 进度绩效指标（SPI）。实际值与计划价值之比，可以有效反映项目团队时间利用效率。

（2）基本参数与评价指标的确定。计划工作预算费用 BCWS 的测定，见表 8.7。

表 8.7　　　　　　　　　　　　　　BCWS 统计表

序号	计划完成进度	计划工作预算费用（万元）	序列拟完成项目
1	100%	19.24	土石方工程
2	100%	36.33	地下室钢筋混凝土底板
3	100%	87.94	地下室混凝土墙
4	100%	121.47	混凝土底板防水
5	100%	147.90	地下室墙侧壁防水
6	100%	277.12	钢板桩支护
7	100%	293.79	电梯井墙（混凝土）
8	100%	421.92	钢筋混凝土框架
9	100%	523.91	钢筋混凝土楼板

已完工作预算费用 BCWP 的测定，见表 8.8。

表 8.8　　　　　　　　　　　　　　BCWP 统计表

序号	实际完成进度	已完工作预算费用（万元）	序列拟完成项目
1	96%	18.12	土石方工程
2	93%	34.03	地下室钢筋混凝土底板
3	97%	84.08	地下室混凝土墙
4	101%	117.94	混凝土底板防水
5	107%	146.23	地下室墙侧壁防水
6	106%	283.21	钢板桩支护
7	99%	299.71	电梯井墙（混凝土）
8	98%	425.28	钢筋混凝土框架
9	96%	523.18	钢筋混凝土楼板

已完工作实际费用 ACWP 的测定，见表 8.9。

表 8.9 ACWP 统计表

序号	实际完成进度	已完工作实际费用（万元）	序列拟完成项目
1	96%	19.24	土石方工程
2	93%	17.10	地下室钢筋混凝土底板
3	97%	51.60	地下室混凝土墙
4	101%	33.53	混凝土底板防水
5	107%	26.44	地下室墙侧壁防水
6	106%	129.22	钢板桩支护
7	99%	16.67	电梯井墙（混凝土）
8	98%	128.13	钢筋混凝土框架
9	96%	101.98	钢筋混凝土楼板

通过以上基本参数的确定，计算得出赢得值评价指标数据分析表，见表 8.10。

表 8.10 评价指标数据分析表

序号	完成工程量	计划付款	实际付款	计划工作预算费用（BCWS）	赢得值（BCWP）	完成工作实际费用（ACWP）	进度偏差（SV）	费用偏差（CV）	费用绩效	进度绩效
1	96%	19.24	18.88	19.24	18.12	18.88	−1.11	−0.76	0.96	0.942
2	93%	17.10	15.84	36.33	34.03	34.72	−2.31	−0.69	0.98	0.936
3	97%	51.60	48.97	87.94	84.08	83.69	−3.86	0.39	1.00	0.956
4	101%	33.53	32.79	121.47	117.94	116.48	−3.52	1.46	1.01	0.971
5	107%	26.44	23.49	147.90	146.23	139.97	−1.67	6.26	1.04	0.989
6	106%	129.22	130.14	277.12	283.21	270.11	6.08	13.10	1.05	1.022
7	99%	16.67	16.86	293.79	299.71	286.97	5.92	12.74	1.04	1.020
8	98%	128.13	124.29	421.92	425.28	411.26	3.35	14.02	1.03	1.008
9	96%	101.98	99.98	523.91	523.18	511.24	−0.73	11.94	1.02	0.999

将 BCWS、BCWP、ACWP 三项参数结合分析，得到赢得值分析图，如图 8.8 所示。

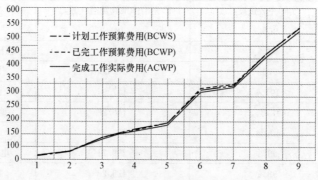

图 8.8 赢得值分析图

将费用绩效与进度绩效两项参数结合分析，得到 CPI—SPI 曲线，如图 8.9 所示。

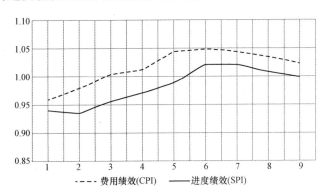

图 8.9　CPI—SPI 曲线

（3）项目进展情况分析。

1）数值分析。从表格数据和曲线走向可以看出，截止到本阶段第二项工作时，费用偏差 CV＝－0.69＜0，说明本阶段结束时费用超支 0.69 万元，进度偏差 SV＝－2.31＜0，说明本阶段结束时进度超支 2.31 万元。且 ACWP＞BCWS＞BCWP，费用绩效指数 CPI＝0.99＜1，离基准轴 1 有一定差距，表示此时费用超支，进度绩效指数 SPI＝0.936＜1，说明直到第六项工作结束前工期拖延情况仍然较为普遍。

基于以上多个数据的综合分析得出，在项目进行到第一阶段施工中期时，进度滞后，费用超支，项目运行状况差，如果再不采取补救措施，放任该施工项目按此趋势发展，在项目竣工时，实际花费会超出预算一百多万元，工期也会拖延。因此，必须在过程中高度重视此类偏差，并果断地采取纠偏措施确保施工进度达到既定要求。

2）偏差原因分析。该阶段前期出现这样的情况主要是因为工程刚开始，现场根据实际需求会做出一定调整，现场施工人员需要花费大部分时间与当地规划管理部门及其他利益相关方进行沟通，导致在沟通的过程中出现了很多额外的开支，因此出现了预算超支与工期拖延。

另一方面，则是因为在工程刚开始时，现场施工人员对于费用和进度的把控还不够全面，成本控制意识不够强。对于这种错误的成本意识必须采取控制措施，做出相应调整。

3）采取的纠偏措施。由于该阶段前三项工作完成情况无论从进度角度还是从费用角度看，都处于非常不利的状态。因此，为了完成该阶段的既定目标，落后的进度和费用偏差要通过后续工作的努力去弥补。

南通道换流站在后续工作中施工单位加大了与业主和设计人员的沟通力度，催促图纸。同时，求助业主单位和其他项目参与方增大现场问题协调能力与力度，加快实现与各利益相关方达成互利共赢的结果。并在第三项工作开始前加大了投入的人工机械，用来缩短工期，在加大投入资源的同时不忽略成本的增加，通过做好两者的权衡来实现既定目标。

通过第六项钢板桩支护、第七项电梯井墙（混凝土）等后几项工作的合理调整抵消了前几阶段拖延对施工进度的影响。最后，使得 A 包主控楼土建基础第一部分工作进度达到计划要求，同时，实际付款金额为 99.98 万元，低于计划付款金额。

3. 动态成本管控效果评价

南通道换流站项目很好地将项目的进度和成本进行了综合考量，在确保施工项目质量合格的前提下，成本没有出现过分的超支，工期也在原计划内完成。在施工过程中，造价管理人员及时制定了有效的措施，对当前施工情况进行了调整。将赢得值法引入施工阶段动态成本管控过程，有效地抑制了施工阶段的成本偏差，使偏差没有超出限定的范围。在工程进度管控方面，改善了过去"前松后紧"的施工状态，避免了到施工后期时发现进度落后而出现的抢工期、赶工期的现象。在实施过程中尽早的发现了问题并及时解决，工期按时完成，还降低了机械设备的租赁费用。

在赢得值法的应用中，责任分配矩阵的建立是成功的关键。造价管理人员和施工人员之间有效地避免了责任不清的问题，明显减少了造价管控中的资源浪费，也使得员工的工作效率更高、自主性更强，施工项目的成本、进度和质量控制水平都得到相应的提高。由此可见，南通道换流站施工阶段造价管控责任体系也得到了实现，使项目成本控制向着更细致、更精确的方向发展，从本质上提升了工程造价精准管控的高度。

基于赢得值法进行动态成本管控在南通道换流站上的运用虽然是一个个案，但我们不难发现，在施工阶段工程造价精准管控过程中引入赢得值法，可以较早地察觉施工过程当中出现的问题，使施工管理人员可以及时地针对问题采取纠偏措施。

8.2 南通道换流站造价精准管控经验总结

8.2.1 总体评价

1. 南通道换流站造价精准管控的优势评价

（1）实现科学精准管控，提高电网管理水平。南方电网将工程造价大数据平台运用于南通道换流站造价精准管控的全过程阶段，以推进配电网工程造价全过程管理标准化、规范化水平为抓手，以夯实电网项目精细化管理基础为目标，建立覆盖项目建设全过程的管控机制和流程，形成了完善、可行的换流站项目全过程造价精准管控模式，实现了配电网项目全过程造价管控由粗放式向精准化转变。随之建立起了涉及项目前期决策、设计、招投标、施工、结算各阶段的造价管理方式。通过对项目估算、概算、控制价、进度款、结算审核的严格控制，及时根据项目设计变更以及现场签证调整资金、准确分析费用偏差原因，深入挖掘当前项目管理过程中存在的不足之处，实现了对电网项目全过程成本控制风险点的有效管控和预防，达到"可控、能控、在控"目标，促进了电网项目造价精准化管理水平的快速提高。

（2）有效发挥支撑作用，提升项目投资效益。自本项目应用大数据平台以及权责管理制度以来，南方电网建设的南通道换流站无超投资、超规模、超标准的情况发生，项目可行性研究估算、初设概算、招标控制价、结算价在均在合理浮动区间。项目实施过程中，严格控制工程变更、现场签证的发生，确保项目造价管理扎实开展，实现了精准造价管控目标。通过项目全过程造价精准管控模式的应用，提升了电网项目投资水平，有效降低了投资风险，极大提升了电网企业的项目管理水平和投资效益。

（3）电网项目迅速落地，提高企业社会效益。自本项目应用大数据平台以及权责管理制度以来，南方电网强化了针对换流站项目的生产、营销、办公用房等资源配置，满足了社会用电服务需求，为广东省东莞地区社会发展提供有力的电力供应和服务保障，加快了配电网工程建设的步伐，满足了管理要求，形成了规范有序的市场秩序。南方电网主动承担起社会责任，高品质地完成了东莞南通道换流站区域内的服务保障工作，树立了公正、诚信的良好企业形象，提升了企业经营管理水平和服务水平。

2. 南通道换流站造价精准管控的弊端评价

（1）各类数据质量低、数据壁垒现象严重。本项目参建方众多，项目周期长，造价数据的收集和标准制定困难，导致电网工程造价数据质量不佳，主要体现在以下几个方面：首先是造价文件格式不完全统一，给数据的结构化存储带来困难；其次是数据接口规则不完全统一，导致数据无法高效流转；最后是数据质量校验机制尚不完善，导致错误数据、无效数据被大量存储。低质量的数据最终导致各相关方之间存在一定程度的"数据壁垒"，此外，数据质量不佳还导致全方位整合供电服务资源的局限性，降低资源配置效率，阻碍了推动配电网项目组织体系向集约化、扁平化的变革道路。

（2）造价计算效率低、数据价值挖掘不足。造价自动计算工具的适用性以及其操作人员的技术娴熟度仍是工程造价精准管控大数据平台应用的痛点之一。在工程建设节奏逐步加快且专业水平参差不齐的背景下，造价失误时有发生。导致行业生产力被严重束缚，且造价数据质量不佳导致大量数据的价值没有得到有效挖掘，管理提升的空间被严重阻碍。拥有大量、真实的数据积累是数据挖掘技术应用的一个必要条件，然而在收集大量高质量的数据方面，电网企业也面临着种种困难；由于该项目使用大数据平台的信息化进程仍属于起步阶段，公司还未建立自己的大数据管理平台机制，各个部门在信息管理系统方面各自独立数据库之间采用不同数据存储模型、不同数据接口、不同类型软件、甚至不同的系统平台，信息的重复输入和多方采集，导致数据库系统产生了大量数据冗余及不一致的情况。另外，换流站项目的数据数量较大，时间跨度也比较长，想要利用有限的资源对这些数据进行维护也存在一定的困难。如果没有数据积累，将会直接影响数据抽取的质量和数量，从而影响到项目未来数据挖掘的结果。

8.2.2　工程造价精准管控辐射项目全流程

1. 工程造价精准管控贯穿项目流程

将精准管控思想与项目流程各阶段涉及的工程造价管控工作相匹配，使得工程造价精准管控思想更易融入项目流程。

南粤背靠背工程基于项目实施前期，到实施过程，再到实施三阶段，形成了项目流程。换流站施工阶段，对劳动力、材料、机械设备等资源的消耗量巨大，对投资金额的影响效果最为明显。同时，此阶段是参与方最多、需要协调问题最多的环节，不同的参与方对项目造价管控的要求和侧重点有不同，很容易因分歧致造价管理变得不易掌控。因此项目流程必须以施工阶段为核心，从施工活动子过程入手，将科学的工程造价精准管控思想深入于施工阶段具体活动中，基于前期制定的造价管理目标，采取事前预测、事中控制的方法达到既定目标。工程造价精准管控思想利于项目流程工作界面的有效衔接，实现了造价管控效能的不断提高。

2. 以流程为基础支撑工程造价精准管控体系

一方面，以项目流程为基础，为权责划分提供必要支撑。在南通道换流站项目中，通过制定一系列相关规范，各参建单位进行明确的责任划分，有效改善了相关部门在具体的监管权力及职责方面存在的定位不清问题，极大程度上避免了施工阶段中多头管理、责任交叉等现象的出现。权责划分是工程造价精准管控工作全面落实的强力保障，在南通道换流站造价精准管控中发挥了重要作用。

另一方面，以项目流程为基础，为数据技术的融入提供载体。依托南通道换流站项目流程实现技术与管控工作的结合，通过引入全流程造价管控理论体系，对换流站工程造价精准管控影响因素进行全面、动态的识别分析，基于造价管控影响因素得出高效的造价精准控制策略。

8.2.3 权责明晰作为工程造价精准管控体系的有力支撑

1. 内部管控环境良好

从广东电网编制的《广东电网有限责任公司基建造价管理细则》来看，目前广东电网针对换流站建设项目已经设立了较为规范、有效的精准化造价管控责任体系，通过责任矩阵的构建实现了对于各部门与各相关方造价权责的清晰明确的界定，实现了造价工作权责利三者的有机统一。

通过落实各级审计监察部门的权责内容，对项目的各项造价管理活动进行监督监察，并协同造价管理人员跟进监督中所发现的问题，依法依规对出现的造价管理乱象进行整改并重复审查。以实现造价的精准管控为战略目标，以权责落实为导向，将长期的造价管控目标进行拆解，时间上按月度、季度、年度计划，过程上按设计、施工、竣工验收等阶段严格执行。进一步，通过对人力资源计划的执行情况做出定期评估，将评估结果用于总结造价工作经验、完善人力资源政策。此外，项目管理重视法律环境的建设和作用的发挥，与监理单位及造价咨询单位共同开展造价管理的合规工作。

总体上看，南通道换流站项目通过采取的积极有效的措施为内部控制流程及措施的运行提供了高效率基础，使得项目内部造价管控环境良好，虽不能直接降低造价风险发生的严重程度，但是能大幅度降低项目造价风险发生的可能性并对造价风险出现后的一系列问题提供了切实可行的应对措施。

2. 管控活动清晰有效

根据《广东电网内部造价控制手册》显示，通过优化换流站工程造价管控流程，南通道换流站对当前面临的造价风险、造价管控涉及的工作流程、风险点及控制措施及准则做出了清晰明确的规定，是南通道换流站内部造价管控的权责履行的行为准则，保障了项目高质高效的建设。

同时，根据一系列的造价控制指标与绩效评判标准，依据权责矩阵工作内容定期由通过矩阵确定的各级造价管理人员对项目各参与方进行绩效考核与评价，进而实现对项目各项造价活动的有效、持续监督。同时，定期对造价管理流程进行流程优化检测，将发现的造价控制问题及时反馈并及时向业主方汇报，便于对已经发生或者潜在的风险采取及时、适当的控制措施，从而实现造价控制活动的清晰有效，为保证造价管理工作顺利进行奠定了坚实的基础。

3. 信息沟通机制完备

对于南通道换流站内部造价控制机制的重视也体现在对于信息沟通方面，由于工程造价精准管控需要项目全流程的信息资源，所以信息资源管理制度显得十分重要。根据《广东电网内部造价控制手册》，项目方基于权责落实的基本理念，落实信息收集机制、信息沟通机制、内部报告机制、信息技术控制等来建立健全造价信息管理体系。由于造价管控过程中获得的信息具有多方且全面、大量且复杂的特点，造价管理部门通过基于权责体系下的参与方协同管理机制，借助工程数据信息化，实现造价信息的筛选、分类、整理并形成条理清晰的造价信息目录，进一步建立项目的造价数据中心并建立信息化的项目沟通机制，完善造价信息的交换方式，构建项目层面的造价信息管理系统，为造价的精准化管控的有效运行提供信息支持。

综上，南通道换流站通过内部沟通机制与外部沟通机制的完善，在制度上规定了内部沟通中信息上报、信息共享、日常会议、对外宣传、内部举报、合理化信息共享等方面的要求，规定了外部沟通中的渠道管理、对外宣传、与业主方沟通、与设计单位沟通、与监理单位沟通等要求，使完备的信息成为了实现南通道换流站造价精准管控的重要一环。

8.2.4　数据赋能促进工程造价精准管控效率提升

在大数据运用日益普及的今天，大数据技术为传统换流站造价管理方式带来了契机，数据赋能驱动造价管理模式实现精益变革。通过南通道换流站的分析和研究，提取总结南通道换流站运用大数据平台进行造价管理存在的优缺点，为同类换流站或输变电项目提供有力的技术支持。

1. 全信息管理组织体系健全

针对南通道换流站项目，各项目参与单位组建了工程造价全信息管理团队，从南通道换流站启动开始全面负责工程造价的信息化管理，规范并搭建换流站项目造价管理大数据平台。对团队人员积极采取有效措施，开展多形式、多层次、多渠道的职业培训，提高数字化意识，学习并掌握造价管理过程中的基本数据结构和整体业务流程，梳理项目各阶段的数据逻辑关系，创造性地开展数据建模工作提高造价信息化水平，提升工作成效。

2. 数据充分收集与共享

精准造价管控是依靠精准的数据信息作为基础的，因此，如何消除信息壁垒是实现工程造价精准管控的关键。南通道换流站项目借助于大数据平台，实现信息共享的同时，也有效地避免了数据的丢失及滞后，有利于同大数据时代接轨。

该平台收集了工程造价方面的国家定额、地方定额、专业定额、《建设工程工程量清单计价规范》，各行业配套的定额、标准、规范等计价依据资料，以及工程造价管理的相关政策、文件资料。利用企业自主编制的扩大工程量清单，并通过计价信息模块中人、材、机、指数、造价文件五个数据库的市场信息加持，完成综合单价的组价过程，实现了计价依据的精准化。

在施工阶段，若发生设计变更或现场签证，施工单位将其上传到平台，便于建设单位和设计单位快速审核，平台也会自动统计汇总好设计变更和现场签证，并将汇总结果反哺到数据库中，便于后期合同变更管理和工程结算。

3. 数据动态监控

在南通道换流站项目中，利用 BIM 技术可视化的特点实行全过程的实时动态监控。BIM 模型具有较强的关联性，若在实际施工过程中，某一信息发生变化时，与之关联的信息也能及时进行调整，提高了信息数据的精确性。

同时，换流站造价管理大数据平台利用数据库中实时收集到的计划进度、实际成本、预算成本、实际成本、构件工程量、清单定额等信息，对计划单价和实际单价进行比较，对拟完工程量和实际完成工程量进行比较。与此同时，用拟完工程计划费用、已完工程计划费用和已完工程实际费用进行分析，进而得到费用偏差、进度偏差和进度绩效指标等。一旦偏差超过一定范围，该平台会立即发出预警，提醒工作人员及时采取纠偏措施，实现真正的实时动态监控。

8.3　换流站工程造价精准管控的发展方向

8.3.1　流程层

1. 聚焦项目全流程优化

南通道换流站在应用"三线并行"模式的工程造价精准管控体系的基础上，基于项目全流程，制定不同的造价管控目标。在项目实施前，将造价管控意识融入换流站工程策划与设计，宏观战略角度对项目整体把控的方向进行工程造价精准管控；在项目实施过程中，利用造价数据对工程造价精准管控效果进行动态监控；在项目后期，积累造价数据资料。

从项目全流程看,南通道换流站造价精准管控在项目流程中的应用还存在一定的弊端,如造价管控要点的前后衔接、造价管控方案的部署等。上述问题反映出南通道换流站全流程的集成性与一体性较为不足,在后续项目建设时,需进一步发挥全过程造价咨询的管理作用,通过项目流程的优化,进一步整合各类项目资源,提高造价精准管控效能。

2. 建立项目流程持续改进机制

从南通道换流站项目整体造价管控效果看,精准管控的应用与实际预设上存在一定的偏差。本项目以施工阶段为核心,重点研究了工程造价精准管控在实际施工过程中的应用原理与方法,缺乏对于项目前期与后期相关研究,弱化了造价精准化对项目整体的管控;同时,在一定程度上割裂了项目实施过程与项目实施前后二者间的联系,使得造价管控的动态性局限于施工阶段。

因此,在后续有关换流站工程造价精准管控的研究中,围绕项目流程,立足于施工阶段,将精准管控工作进一步延伸施工前与施工后,将精准管控思想应用于项目全流程,通过制定改进措施,完善造价管控目标,细化管控内容,优化管控方法,从而建立项目流程持续改进机制。

8.3.2　权责层

1. 进一步优化界面管理与组织结构

换流站建设项目界面管理呈多层次分布,既包括了纵向的层次界面管理,还包括了横向的界面管理。当换流站建设项目的施工标段划分越细,引进的承包商就越多,界面管理的难度也就越大,使目标控制的难度增加。因此,应从组织上、技术上、经济合同上等各个方面优化界面管理。尤其在换流站建设项目的设计阶段、施工阶段中,要更加注意界面之间的联系和制约关系,解决界面之间的不协调、障碍和争执,对界面相互影响的因素进行协调、管理,以确保整个换流站建设项目在总体受控状态下顺利实施。

伴随电力体制的不断改革,换流站建设项目应持续优化调整组织结构。各参建方应继续加强对数字化技术的应用,从而实现内部不同部门之间信息的有效衔接。与此同时,还应积极变革管理系统层级,进一步优化各职能单元,强化部门之间的协同效应,使组织运作更加高效快捷。面对复杂多变的环境,应不断优化项目组织结构,提升自身管理活动的稳定性,才能够实现换流站施工现场组织体系的更加精准化、高效化运转的目标。

2. 进一步加强数据平台赋能

随着换流站工程建设投资规模的不断加大与信息技术的不断发展,换流站项目工程造价权责体系的构建日渐成为一项复杂、涉及面广、关联度高的工作,换流站项目工程造价管控的权责体系与工程大数据应用的有效结合将成为未来换流站建设项目提升造价管控水平、决策水平,提升企业核心竞争力的重要发展途径。权责体系的完善离不开计算机技术、信息管理等各方面知识,而如何更加充分地利用工程大数据,进一步促进权责体系更有效的落实，将成为未来的发展方向。

　　未来将不断完善数据类型与数据种类并探索建立完善的造价综合管控平台，在逐步建立统一、协调的项目内部造价信息管理机制的基础上，拓展换流站建设工程造价管控体系利用数据的体量与种类，并以此为依托，促进造价管理相关单位协同工作机制落实并进一步优化权责体系，为优化造价管控流程提供更有效的技术支撑。因此，将权责体系构建与数据利用有效地契合，使得大数据成果能够方便地为造价管理人员提供造价决策信息将是后续工作开展的重点。相信随着信息技术与权责体系的不断发展与融合，换流站项目精准化造价管控将会实现跨越式发展。

8.3.3　数据层

1. 进一步优化大数据平台

　　换流站造价管理大数据平台已经在南通道换流站项目内部逐步应用，虽然平台已经上线正常开始运作，但还存在一定的问题，如平台的数据量将会越来越大，导致平台的效率降低，一旦超过负载，可能造成很大的损失。因此要对换流站工程造价管理平台的数据库进行优化设计。

　　首先是数据融合的问题。在数据信息录入过程中，各省、市造价数据形式不一，标准各异，缺乏统一的数据交换接口标准，要想实现全国各省、市造价信息的自动导入和分析仍然存在一定的障碍。随着数据量增大、数据格式种类增多以及平台的普及，现行的平台在未来录入及发布数据的时候需要建立适用于更深层次范围的数据交换接口标准。

　　其次是对平台内的数据库表单进行优化设计。现阶段平台的数据库表单单一化，未针对不同类型企业或项目特点出具更有针对性的表单。同时，数据库的代码开发设计较为薄弱，仅将现实世界中的事物转化为信息世界的概念模型，并未考虑能否被数据库管理系统所识别编译，如何构建数据模型以实现数据库的自动获取和及时更新而非手动填写规范化设计表单尚需进一步深入研究。

2. 应用探索数据挖掘技术

　　在南通道换流站项目中，由于数据平台正处于使用初期，数据量还不够庞大。而数据挖掘对数据的需求具备多样性，不同研究目的对数据的真实性、健全性、干扰性以及格式也要求各异。随着该平台的使用，其数据将会逐渐丰富完善，因此，将会在后续的工作当中对数据挖掘技术在系统中的应用进行深层次的设计，对平台中所存储的海量数据进行深层次的挖掘和分析，并用于造价分析和预测上。

　　数据挖掘技术可用于造价变化偏差分析，通过研究多项工程实际造价数据的变化情况，将整体造价变化分解为若干费用变化的集合，进一步量化各项费用的变化情况，以及对整体费用变化的影响程度，使管理者更清楚地掌握各项费用的更新动态，了解各项费用的增长给整体费用带来的影响。

　　同时数据挖掘技术能够有效实现换流站工程造价的预测，为造价评审提供实践参考。

通过分析大量输变电工程造价数据，挖掘造价水平变化的内在规律，以造价数据为研究对象，通过时间序列分析寻求数据变化的周期性、趋势等特征，结合神经网络预测技术、时间序列预测技术、回归预测技术等方法建立有效的预测模型，对未来造价水平的变化进行有效的预测。此外，也可结合关联分析的思想，研究影响造价的主要因素，例如市场因素、政策因素、经济环境因素等，根据分类结果的划分类别，针对不同电压等级、不同项目类型等属性，建立综合的情景预测数据库。利用情景预测法，对待建工程的造价水平进行评估，结合类似已完工工程造价分析数据，综合考虑主要情景因素的变化，实现对工程造价变化的准确预测。

主 要 参 考 文 献

［1］全国造价工程师职业资格考试培训教材编审委员会．全国一级造价工程师职业资格考试培训教材 建设工程造价管理［M］北京：中国计划出版社，2021．

［2］中华人民共和国电力工业部．电力建设工程预算定额［M］．北京：中国电力出版社，1996．

［3］林玲．电力工程造价管理在施工阶段中的控制策略分析［J］．江西建材，2020（07）：243＋245．

［4］刘美萍．扩大工程量清单的作用探讨［J］．机电信息，2020（09）：111-112．

［5］吴佐民，等．工程造价术语标准［M］．北京：中国计划出版社，2013．

［6］刘志斌，姚建刚，颜勇等．变电工程全寿命周期成本评价［M］．北京：中国电力出版社，2012．

［7］帅军庆，贺锡强，张怀宇．电力企业资产全寿命周期管理［M］．北京：中国电力出版社，2010．

［8］李泓泽，郎斌．全寿命周期造价管理在电力工程造价管理中的应用研究［J］．华北电力大学学报社会科学版，2008，36（1）：7-11．

［9］张红燕，黄怡，漆璇，等．电力工程施工阶段的造价管理［J］．中国管理信息化，2022，25（04）：16-18．

［10］仲占．推行建设工程施工过程结算的难点与建议［J］．项目管理技术，2021，19（07）：123-126．

［11］万正东，吴良峥，黄琰，等．电网工程数字造价体系的概念、内涵及实现路径研究［J］．建筑经济，2022，43（8）：65-70．

［12］汪中求，吴洪彪，刘兴旺．精细化管理［M］．北京：北京理工大学出版社，2013．

［13］陈国青，曾大军，卫强，等．大数据环境下的决策范式转变与使能创新［J］．管理世界，2020，36（02）：95-105＋220．

［14］张明超，孙新波，王永霞．数据赋能驱动精益生产创新内在机理的案例研究［J］．南开管理评论，2021，24（03）：102-116．

［15］牛东晓，刘金朋，许子智，等．输变电工程造价管理［M］．北京：中国电力出版社，2016．

［16］赵应文，邵继红，冯亚明，等．精编组织行为学/高等院校经济管理类专业精编系列教材［M］．武汉：武汉理工大学出版社，2019．

［17］戚安邦，孙贤伟．建设项目全过程造价管理理论与方法［M］．天津：天津人民出版社，2004．

［18］白思俊．现代项目管理［M］．北京：机械工业出版社，2002．